机电一体化
子系统安装与调试

主　编　莫晓瑾　周　兰
副主编　康　赛　蒋英钰
参　编　苑　瞳　何圣斌

机械工业出版社
CHINA MACHINE PRESS

本书从实际工程入手，在真实工程项目的基础上，提炼出真实工程项目中的核心技术；对接德国机电一体化技术职业教育框架教学计划和培训标准，以德国机电一体化职业资格认证考核项目为主要内容，依据学生学习认知规律和职业成长规律，将技能训练项目设置成典型工作任务模式的学习情境，每个学习情境按照从易到难、从简单到复杂的培训过程划分成学习任务。全书基于教学任务实施的完整工作过程设置为四个学习情境：中德机电一体化职业资格认证教学与培训准备、安装与检测电气控制柜、安装与调试自动化滑仓系统的电气－气动控制回路、安装与调试自动化分拣系统。本书以知识树的形式归纳了自动化滑仓系统和自动化分拣系统的知识点并配套相应图样。

本书采用工作页形式，配有相应的辅助教学或自学的课件和微视频，适合作为高等职业院校自动化类理实一体化教学、创新实践教学的教材，也可作为职业院校和企业机电一体化系统装调相关技能培训的参考书，还可作为职业院校参与中德机电、电气专业教育交流合作的实践教材。

图书在版编目（CIP）数据

机电一体化子系统安装与调试/莫晓瑾，周兰主编.
— 北京：机械工业出版社，2021.8（2025.1重印）
ISBN 978-7-111-68659-0

Ⅰ.①机… Ⅱ.①莫… ②周… Ⅲ.①机电一体化—设备安装 ②机电一体化—设备—调试方法 Ⅳ.①TH-39

中国版本图书馆CIP数据核字（2021）第132687号

机械工业出版社（北京市百万庄大街22号 邮政编码100037）
策划编辑：陈玉芝　　责任编辑：陈玉芝
责任校对：陈 越　　封面设计：马精明
责任印制：刘 媛
涿州市般润文化传播有限公司印刷

2025年1月第1版第5次印刷
184mm×260mm·12印张·268千字
标准书号：ISBN 978-7-111-68659-0
定价：59.00元

电话服务　　　　　　　　　　网络服务
客服电话：010-88361066　　机 工 官 网：www.cmpbook.com
　　　　　010-88379833　　机 工 官 博：weibo.com/cmp1952
　　　　　010-68326294　　金 书 网：www.golden-book.com
封底无防伪标均为盗版　　机工教育服务网：www.cmpedu.com

序

德国职业教育的核心是著名的"双元制"，因其最突出地反映了德国职业教育的思想、观念、体系和运行特点，以至"双元制"几乎成了德国职业教育的代名词。德国人将"双元制"职业教育培养的人才视为德国产品高质量的有力保障，并自豪地将"双元制"称为"德国经济腾飞的秘密武器"。20 世纪 70 年代以来，不少国家都在不同程度上吸取德国"双元制"职业教育的优点以改进本国的职业教育。20 世纪 80 年代，"双元制"教学模式进入中国，由于地域不同、校情各异，中国各地职业院校对"双元制"教学模式研究与实践的重点各不相同。近年来，在德国海外商会联盟·大中华区的全力推动下，引入德国"双元制"试点项目的中国各地职业院校开展了职业教育人才培养的本土化改革探索。

2019 年，中华人民共和国国务院发布《国家职业教育改革实施方案》（以下称"职教 20 条"），提出：将构建职业教育国家标准，启动 1+X 证书制度试点工作；促进产教融合校企"双元"育人，多措并举打造"双师型"教师队伍；建设多元办学格局；完善技术技能人才保障政策。"职教 20 条"为"双元制"本土化明确了方向，提供了更广阔的职教改革思路，树立了新发展理念，服务于建设现代化经济体系和实现更高质量更充分就业，对接科技发展趋势和市场需求。

武汉船舶职业技术学院中德职业教育合作项目，通过借鉴德国"双元制"职业教育模式的探索与实践，遵循职业行动领域的职业行动能力形成规律，深化教学、教研、教改，构建了本土化的"双元制"教学改革新模式：

1）融通"双元制"职业培训模式。书证融通模式采取融通培训中心承担企业培训的方式，充分挖掘和发挥已有的技师资源优势，以通过 AHK 职业资格证书考试为目的，搭建起符合国情、校情的本土化职业教育培训平台。

2）融合"双元制"人才培养方案。将德国相关技术工种职业培训条例、职业学校专业教学大纲与中国的《国家职业技能标准》和《高等职业学校专业教学标准》进行深度融合，把握综合素质、专业技能、理论知识、证书要求等人才培养规格，开发了本土化公共知识教学大纲、理论知识教学大纲和职业能力培训大纲。以专业与产业对接、课程内容与职业标准对接、教学过程与生产过程对接、学历证书与职业资格证书对接、职业教育与终身学习对接的"五个对接"为指引，依据专业人才需求标准和岗位群职业能力要求，构建了"职业素养平台课程＋理论知识平台课程＋职业能力平台课程＋专门化方向拓展能力课程"的"多向发展、分层递进"的模块化课程体系。

3）融洽教师与培训师的互联合作。有机融洽教师与培训师之间的互联合作环境，遵循培养高级技能型人才的客观认知规律，熟悉职业行动范围，立足职业行为能力，深入明晰学习领域，科学开发教学课程，开发出职业教育优质资源。

4）融入企业文化精神。秉承"高质量，严要求，重实践"的教学要求，坚持把德育放在首位，遵循职业教育规律和学生身心发展规律，把培育工匠精神和践行社会主义核心价值观融入教育教学全过程，关注学生职业生涯和可持续发展需要，促进学生德智体美劳全面发展。

随着中国职业教育改革的不断深化，"教师、教材、教法"同步改革，越来越多的职业院校主动与具备条件的企业在人才培养、技术创新、就业创业、社会服务、文化传承等方面开展合作。中国职业教育本土化的改革创新将为区域现代产业体系输送更多的优秀职业人才。

德国海外商会联盟·大中华区
职业教育及高等教育总监

前 言

　　武汉船舶职业技术学院从 1994 年开始进行双元制职业教育研究与探索，2016 年承担湖北省教育厅与德国海外商会联盟大中华区（以下简称 AHK）中德职教合作改革试点项目，积极参与职业教育国际标准与规则的研究制定，与德国西门子公司、德国宝得流体控制（苏州）有限公司进行了深入合作，面向智能制造转型升级，对机电一体化高端技术技能人才培养进行双元制本土化创新与实践，得到 AHK、德企双元制培训专家的高度认可，现已成立 AHK 中德（武汉）职业教育培训中心。项目团队从本土化实践的需求角度，按照德国职业教育与考核评价标准，建立了一套普适性、可操作、可推广的本土化教材体系，对教学与培训质量的诊断与改进起到一定的指导作用。

　　本书以德国机电一体化职业资格认证考核项目为主要内容，遵循企业工作规范和作业过程，融入技术标准、职业规范，基于工作过程导向进行教学内容组织，每项学习任务以工作页形式呈现，并从智能制造核心技术对人才的需求出发，结合德国面向工业 4.0 的职业教育理念，针对职业院校机电一体化技术专业的建设与发展提出一些思考。

　　1）"双融合"定位——融通德国职业标准适用本土化教学，融入工业 4.0 职业教育新理念。以德国机电一体化职业资格认证考核项目为主要内容，将德国职业教育与培训标准融通为符合我国国情的理实一体化教学模式。基于工作过程导向进行教学内容组织，以工作页的形式引导学生自主学习，完成每项任务的资讯→计划→决策→实施→检查→总结，并将德国工业 4.0 下的职业教育新理念融入教材的编写中。

　　2）"双遵循"内容设计——遵循企业工作规范，遵循学生学习规律。本书内容包括"中德机电一体化职业资格认证教学与培训准备""安装与检测电气控制柜""安装与调试自动化滑仓系统的电气 - 气动控制回路""安装与调试自动化分拣系统"4 个学习情境 7 个学习任务，涵盖一个简单的机电一体化系统从装配到交付使用的整个过程，遵循企业工作规范，再现完整的机电安装、调试作业过程和主要工作内容。依据职业培训认知规律，遵循学生学习规律，每个学习项目均是一个典型工作任务，由简单到复杂，由单一到综合。

　　3）"双素质"培养——专业素质和职业素质培养有机融合。本书列举了工业电气控制系统基于 IEC 标准、CE 标准和 DIN 标准的对应使用要求，以及低压电气设备的安全规范。在项目内容中融入技术标准、职业规范等职业素质内容，将知识、技能学习与职业素质培养有机结合。

4）"双作用"功能——教学及技能等级认证配套。本书既可供高等职业院校自动化类专业学生学习，也可用于自动化类企业员工的技能培训，同时可满足自动化类职业技能等级认定培训教学、德国机电一体化职业资格认证培训教学需求，还可作为对自动化系统安装与调试感兴趣人员的入门学习参考书。

5）"双元"教材编写团队。本书编写团队由本科和高职院校专业教师、德国西门子公司工程师、德国宝得流体控制（苏州）有限公司工程师组成，团队成员在德国双元制本土化职业教育培训、工业自动化应用领域有着较深入的研究。本书主编为武汉船舶职业技术学院中德职教合作项目负责人莫晓瑾老师，武汉船舶职业技术学院中德职教合作项目工业自动化专业能力小组负责人、国家"万人计划"教学名师周兰教授；副主编为 AHK 机电一体化技能培训师康赛先生、长江师范大学智能装备系骨干教师、美国马里兰大学访问学者蒋英钰副教授；西门子高级培训专家苑曈先生，德国宝得流体控制（苏州）有限公司工程师何圣斌先生参与编写，并给予了技术与标准方面的指导。

为方便教师教学，本书配有电子课件，课件的编制从配合任务工作页教学或自学方面考量，针对重难点进行了详细的说明，请有需要的教师登录 www.cmpedu.com 免费注册后进行下载，有问题时请在网站留言或与机械工业出版社联系（E-mail: cyztian@126.com）。本书还配有视频资源和图样资料，可扫描书中二维码查看。

本书得到德国海外商会联盟大中华区（AHK）的大力支持与帮助，得到了机械工业出版社相关领导、编辑的支持和帮助，在此，向所有为本书的出版做出贡献的人们表示衷心感谢！

由于编者的经验、水平及时间有限，书中难免存在疏漏和不足之处，敬请专家和广大读者批评指正。

编 者

操作视频观看方式

微信扫描左侧微信公众号
关注后回复"68659"
即可观看相应视频

目 录

序
前言
机电一体化子系统安装与调试知识树

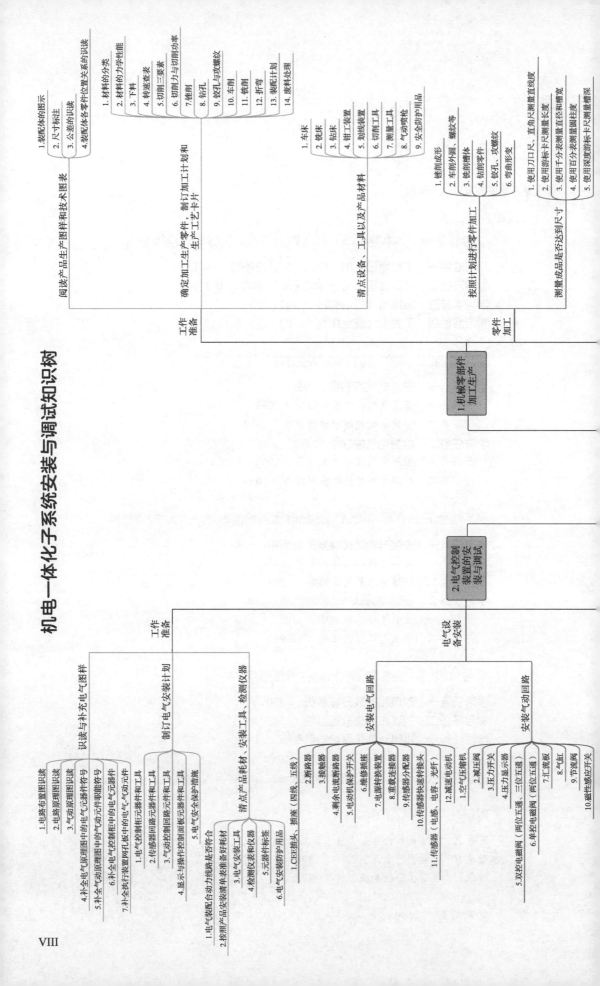

机电一体化子系统安装与调试知识树

1. 机械零部件加工生产

工作准备

- 阅读产品生产图样和技术图表
  - 1. 装配体的图示
  - 2. 尺寸标注
  - 3. 公差的识读
  - 4. 装配体各零件位置关系的识读
- 确定加工生产零件，制订加工计划和生产工艺卡片
  - 1. 材料的分类
  - 2. 材料的力学性能
  - 3. 下料
  - 4. 转速查表
  - 5. 切削三要素
  - 6. 切削力与切削功率
  - 7. 锉削
  - 8. 钻孔
  - 9. 铰孔与攻螺纹
  - 10. 车削
  - 11. 铣削
  - 12. 折弯
  - 13. 装配计划
  - 14. 废料处理
- 清点设备、工具以及产品材料
  - 1. 车床
  - 2. 铣床
  - 3. 钻床
  - 4. 钳工装置
  - 5. 划线装置
  - 6. 切削工具
  - 7. 测量工具
  - 8. 气动喷枪
  - 9. 安全防护用品

零件加工

- 按照计划进行零件加工
  - 1. 锉削成形
  - 2. 车削外圆、螺纹等
  - 3. 铣削槽体
  - 4. 钻削零件
  - 5. 铰孔、攻螺纹
  - 6. 零件形变
- 测量成品是否达到尺寸
  - 1. 使用刀口尺、直角尺测量直线度
  - 2. 使用游标卡尺测量长度
  - 3. 使用千分表测量直径和槽宽
  - 4. 使用百分表测量圆柱度
  - 5. 使用深度游标卡尺测量槽深

2. 电气控制的安装与装置的安装与调试

工作准备

- 识读与补充电气图样
  - 1. 电路布置图识读
  - 2. 电路原理图识读
  - 3. 气动原理图识读
  - 4. 补全电气原理图中的电气元件职能符号
  - 5. 补全气动装置图中的气动元件职能符号
  - 6. 补全电气控制柜中的电气元件
  - 7. 补全执行装置网孔板中的电气元件
- 制订电气安装计划
  - 1. 电气控制回路元器件和工具
  - 2. 传感器回路元器件和工具
  - 3. 气动控制回路元件和工具
  - 4. 显示屏与操作控制面板元件和工具
  - 5. 电气安全保护措施
- 清点产品耗材、安装工具、检测仪器
  - 1. 电气装配合动力线路是否符合
  - 2. 按照产品安装清单准备好耗材
  - 3. 安装工具
  - 4. 检测仪表和仪器
  - 5. 元器件标签
  - 6. 电气安装防护用品

电气设备安装

- 安装电气回路
  - 1. CEE插头、插座（四线、五线）
  - 2. 断路器
  - 3. 接触器
  - 4. 剩余电流断路器
  - 5. 电动机保护开关
  - 6. 维修插座
  - 7. 电源转换装置
  - 8. 重载连接器
  - 9. 传感器分配器
  - 10. 传感器快速转接头
  - 11. 传感器（电感、电容、光纤）
  - 12. 减速电动机
- 安装气动回路
  - 1. 空气压缩机
  - 2. 减压阀
  - 3. 压力开关
  - 4. 压力显示器
  - 5. 双控电磁阀（两位五通、三位五通）
  - 6. 单控电磁阀（两位五通）
  - 7. 汇流板
  - 8. 气缸
  - 9. 节流阀
  - 10. 磁性感应开关

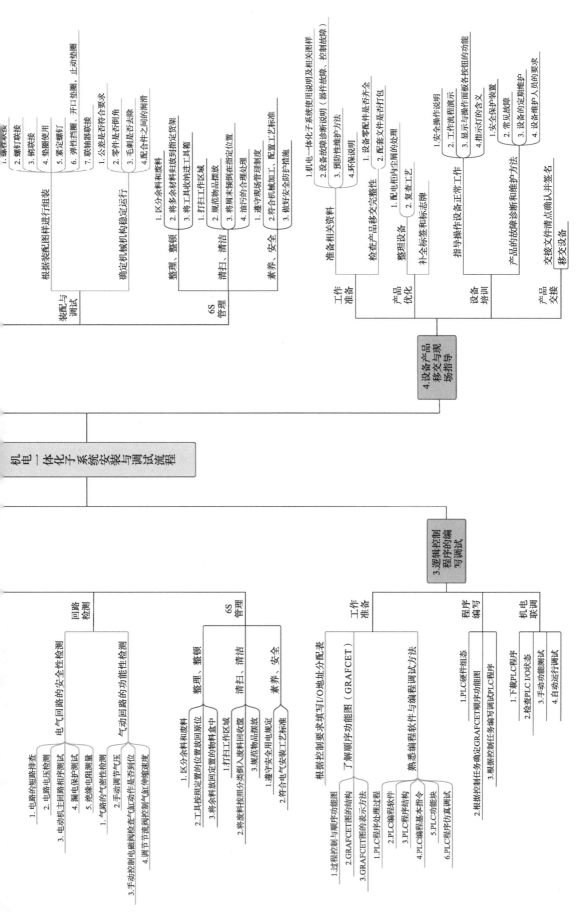

机电一体化子系统安装与调试流程

装配与调试

根据装配图图样进行组装
- 1. 螺栓联接
- 2. 螺钉联接
- 3. 销联接
- 4. 垫圈使用
- 5. 紧定螺钉
- 6. 弹性挡圈、开口垫圈、止动垫圈
- 7. 联轴器联接

确定机械机构稳定运行
- 1. 公差是否符合要求
- 2. 零件是否倒角
- 3. 毛刺是否去除
- 4. 配合件之间的润滑

6S管理

整理、整顿
- 1. 区分余料和废料
- 2. 将多余材料归收纳到指定货架
- 3. 将工具收纳到指定工具箱

清扫、清洁
- 1. 打扫工作区域
- 2. 规范物品摆放
- 3. 将屑末倾倒在指定位置
- 4. 油污的合理处理

素养、安全
- 1. 遵守现场管理制度
- 2. 符合现场工艺标准
- 3. 做好安全防护措施

4. 设备产品移交与现场指导

工作准备
准备相关资料
- 1. 机电一体化子系统使用说明及相关图样
- 2. 设备故障诊断说明（器件故障、控制故障）
- 3. 预防性维护方法
- 4. 环保说明

产品优化
检查产品移交完整性
- 1. 设备零配件是否齐全
- 2. 配套文件是否打包
整理设备
- 1. 配电柜内主回路工艺
- 2. 复查工艺
补全标签和标识牌

设备培训
指导操作设备正常工作
- 1. 安全操作说明
- 2. 工作流程演示
- 3. 显示与操作面板各按钮的功能
- 4. 指示灯的含义
产品的故障诊断和维护方法
- 1. 安全保护装置
- 2. 常见故障
- 3. 设备的定期维护
- 4. 设备维护人员的要求

产品交接
交接文件清点确认并签名
移交设备

3. 逻辑控制程序的编写与调试

回路检测
电气回路的安全性检测
- 1. 电路的短路排查
- 2. 电路回路电压检测
- 3. 电动机主回路相序检测
- 4. 漏电保护测试
- 5. 绝缘电阻测量
气动回路的功能性检测
- 1. 气路的气密性检测
- 2. 手动调节气压
- 3. 手动控制电磁阀检查气动机构是否到位
- 4. 调节节流阀控制气缸伸缩速度

6S管理

整理、整顿
- 1. 区分余料和废料
- 2. 工具按照固定的位置放回原处
- 3. 将余料放回固定的料盒中

清扫、清洁
- 1. 打扫工作区域
- 2. 将废料按照分类倒入废料回收处
- 3. 规范物品摆放

素养、安全
- 1. 遵守安全用电规定
- 2. 符合气动安装工艺标准

工作准备
根据控制要求填写I/O地址分配表
了解顺序功能图（GRAFCET）
- 1. 过程控制与顺序功能图
- 2. GRAFCET图的结构
- 3. GRAFCET图的表示方法
熟悉编程软件与编程调试方法
- 1. PLC程序处理过程
- 2. PLC编程软件
- 3. PLC程序结构
- 4. PLC编程基本指令
- 5. PLC功能块
- 6. PLC程序仿真调试

程序编写
- 1. PLC硬件组态
- 2. 根据控制任务确定GRAFCET顺序功能图
- 3. 根据控制任务编写调试PLC程序

机电联调
- 1. 下载PLC程序
- 2. 检查PLC I/O状态
- 3. 手动功能测试
- 4. 自动运行调试

学习情境一
中德机电一体化职业资格认证教学与培训准备

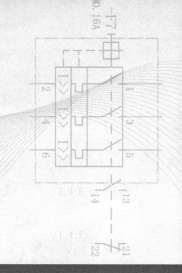

学习准备一
了解德国机电一体化专业学习领域

德国认证的职业培训工种分布于农业、工商业、手工业、公共服务、自由职业和海运六个大类，其中最主要的是工商业（占比 52.%）和手工业（占比 15.3%）。根据德国联邦职业教育研究所（BiBB）于 2019 年 5 月 15 日发布的《2019 年职业培训工作目录》，2019 年德国认证的职业培训工种总计 326 个。德国各行各业在过去 10 年间对 118 个职业培训工种进行了现代化革新和整合，其中部分工种还在原有的企业培训条例中加入了更适合工业 4.0 发展的培训内容。

德国从国家层面制定《企业职业培训条例》与《学校框架教学计划》，企业依据《企业职业培训条例》制定企业培训大纲，学校依据《学校框架教学计划》制定学校教学大纲，从而实现企业培训内容与学校教学内容相协调。《德国 XX 职业培训条例》（Verordnung ueber die Berufsausbidlung zum XX）是以德国《联邦职业教育法》为依据，由联邦政府部门（经济与技术部、农业部）和联邦职业教育研究所研制和颁发，并遵循知识、技能和能力循序渐进积累逻辑的企业职业培训指导文件。该条例的构成主要包括：国家认可的培训职业名称、培训的年限、培训目标、职业领域范围基础教育、职业培训的职业规格、职业培训框架计划、职业培训计划、书面证明和毕业考试。

《XX 专业学校框架教学计划》（Rahmenlehrplan fuer den Ausbildungsberuf XX）是针对职业教育的教学大纲，描述了在职业学校中进行的与职业相关课程的教学目标、教学内容和教学时数。该计划组成部分包括绪论、职业学校教学任务、教学论原则、本专业的说明和学习领域等，其中学习领域是该计划的最主要组成部分。德国职业教育"学习领域"课程是按照工作过程展开的职业教育教学，在教学过程中，教师可根据职业领域发展状况和工作过程要求，将"学习领域"具体化为一系列与职业相关的"学习情境"进行教学。

德国于 1998 年开始设置机电一体化专业，依据《机电一体化职业培训条例》和《机电一体化工教学框架计划》⊖（2018 年 2 月 23 日修订）开展该工种的职业教育培训，职业学校依据《机电一体化工教学框架计划》制定教学大纲，不同的州可以按不同的学科来分配学习领域的内容，机电一体化学习领域划分为 13 个。模块化机电一体化系统如图 1-1 所示。德国"机电一体化工"职业培训的学习领域见表 1-1。

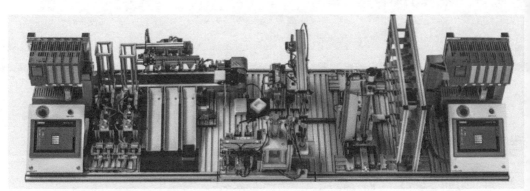

图 1-1　模块化机电一体化系统

表 1-1　德国"机电一体化工"职业培训的学习领域

学习领域	建议时间分配以小时为单位		
	第 1 培训学年	第 2 培训学年	第 3 和第 4 培训学年
1. 机电一体化系统功能关系的分析	40		
2. 机械子系统的制造	80		
3. 基于技术安全规范的电气设备安装	100		
4. 电气、气动和液压组件中能量流和信息流的检查	60		
5. 通过数据处理系统进行交流	40		
6. 工作流程的规划和组织		40	
7. 机电一体化子系统的实现		100	
8. 机电一体化系统的设计和开发		140	
9. 综合机电一体化系统中信息流的检查			80
10. 装配和拆卸规划			40
11. 调试、故障诊断和维修			160
12. 预防性维护			80

⊖ 德国《机电一体化工教学框架计划》来源于德国职业教育研究（BIBB）[EB/oL].https://www.bibb.de/dienst/berufesuche/de/index_berufesuche.php/profile/apprenticeship/868686.

学习领域	建议时间分配以小时为单位		
	第1培训学年	第2培训学年	第3和第4培训学年
13. 向客户移交机电一体化系统			60
合　计	320	280	420

> 📋 学习领域与学科体系的课程有所差别，它是以一个职业的典型工作任务为基础的专业教学单元，各学习领域之间没有内容和形式上的直接联系，每一学习领域都是一个或若干个完整的工作过程，学习领域按照遵循职业成长规律、符合学习认知规律的原则进行排序。

学习领域 ① 机电一体化系统功能关系的分析

第1培训学年　　　　　　　　　　　　　　　　　　　　**目标学时：40 h**

目标描述：

- 学生检查系统设备时，会使用规定和准则
- 学生能查阅技术资料并寻求解决方案
- 学生能掌握分析和记录功能关系的方法，并以团队形式探讨实现技术的可能性
- 学生会识别框图，借助图样识别信号流、物质流、能量流及基本工作原理
- 学生能应用工作结果数据处理的可能途径
- 学生会分析该系统所带来的生态性和经济性问题
- 学生了解英语对于技术交流的重要性

内容：

- 技术设备性能简介
- 系统参数
- 框图
- 信号流、物质流和能量流
- 技术实施中客户特定要求的重要性
- 数据处理的重要性和方法
- 借助灵活 IT——硬件和软件的信息获取
- 工作成果的文档和演示
- 生态性和经济性分析

在学习领域 1 中，采用系统化的方法分析机电一体化技术，将系统拆卸成若干子系统和子要素，并描述出各子系统的作用和功能关系，分析信号流、物质流和能量流。学

习中可以通过分析若干工程应用项目的文献资料和技术文件，如技术图样、电路图、功能框图、功能流程和尺寸参数等。该领域的学习是"跨领域学习"，内容涉及其他的学习领域，在教学中可依据其余学习领域中的应用制定学习情境。

学习领域 ② 机械子系统的制造

第 1 培训学年	目标学时：80 h

目标描述：
- 学生能正确描述所用加工设备和辅助工具的原理、结构、特性及用途，在综合考虑经济和环保效益的前提下制订使用这些设备和工具的计划
- 学会阅读工程图样并能够画出各个零部件的草图及对现有结构进行修改。选择合理的加工工序并对加工工序进行正确评估
- 学生会使用典型的专业英语术语
- 在准备工作和执行时，学生能遵守劳动健康与安全保护规定
- 学生能在团队中组织工作

内容：
- 单个零件图样、装配图样及装配清单
- 机床各个组成部分和各个组成部分的配合公差
- 装配顺序、连接部件
- 热处理、机加工和塑性成型技术基础知识
- 机构的连接，包括固定连接、活动连接和柔性连接
- 针对企业实际需求的加工设备和刀具、夹具
- 装配工具和辅助设备、夹具
- 安全生产原则和劳动者保护要求
- 检验和测量工具，测量误差分析
- 生态性和经济性分析

学习领域 2 是重要的基础领域之一。机电一体化系统包含各种机械系统，由毛坯经各种加工方法加工处理的零件装配而成。该领域中包含各种热处理工艺、切削加工及各种连接方法，如焊接、螺纹联接等。加工工件和实施任务的技术人员必须能够相互理解沟通，必须会阅读任务所需的所有设计草图、安装、加工图样、各类图表与图形。除此之外，还必须会画装配草图，创建可以描述安装过程的文件。本领域中，涵盖了金属工艺学基础知识，包含了金属切削及塑性成型、零件连接装配，以及材料的结构、性能和应用领域。

学习领域 ③ 基于技术安全规范的电气设备安装

第 1 培训学年	目标学时：100 h

目标描述：

- 学生牢固掌握电能效应的基本知识
- 学生了解电气原理图，能够解释说明其工作原理，并对其工作模式进行检查
- 学生会选择电气设备，能进行电量计算，使用相关表格和公式
- 学生能认识到使用电能对人员和设备带来的危险性，掌握保护人员和技术设备的措施，能按照相关规定选择和使用必要的检验仪器和测量仪器
- 学生会对工作文件进行修改
- 学生会从英语的工作文件中获取信息

内容：

- 电气参数，相互关系，说明方法和计算
- 直流电路和交流电路中的元器件
- 电气测量方法
- 用于能量和信息传输的电缆和导线的选择
- 电网
- 过载、短路和超压造成的危险，以及对必要的保护器件的计算
- 表格和公式的使用说明
- 电流对有机体的效应，安全规则，故障时的辅助措施
- 对危险的人体电流的防护措施
- 电气设备的检验
- 产生过电压和干扰电压的原因，引起的不良影响和故障排除措施
- 电磁兼容性（EMC）

　　学习领域 3 属于基础领域，包括安全用电和触电急救、电路识图分析、电气线路安装应用和电气设备检修调试等电气的基础知识及应用能力。机电一体化系统包含了大量的电气设备，电气设备安装除了需要具有足够的知识外，还需要有一个健全的防护体系。机电一体化系统和电气系统的内部元器件都必须遵守所有的安全规定，在对它们进行安装的过程中，要求技术人员必须掌握电量计算，必须清楚地知道它们之间的相互作用关系和显示参数的意义，必须掌握选择适当的测量设备或测试程序对它们进行检查的方法。

学习领域 ④ 电气、气动和液压组件中能量流和信息流的检查

第 1 培训学年	目标学时：60 h

目标描述：

- 学生掌握气压和液压控制技术原理，能看懂控制原理图，能设计图样并修改
- 学生了解气动和液压元件的技术参数
- 学生掌握产生必要辅助能源的方法
- 学生能安全地使用基本测量方法，并且在使用气动和液压系统工作时具备危险意识
- 学生能理解产品英文说明和使用专业英语术语
- 学生会遵守劳动和环境保护的规定

内容：

- 气压和液压元件性能参数、相互关系、工作原理和设计计算方法
- 气压和液压系统的动力设备
- 控制技术的原理图
- 技术资料
- 控制系统中的信号和测量值
- 气压和液压功率元件操作中的危险性
- 经济性、劳动和环境保护，循环利用

　　进行控制系统专业安装的前提条件是必须掌握其工作原理，能够识别信息流，能够制订安装计划、阅读并讲解安装图。通过本领域的学习，掌握气动及液压和相关电气知识，能正确选用和使用元器件，识读和绘制气动液压回路图，掌握气动及液压装配的基本操作规程，能对简单的气动系统进行故障分析与调整。学习领域 4 与学习领域 1 之间有着紧密的联系，在学习领域 1 中获得了系统分析和功能关系分析的能力。该领域的学习内容将对学习领域 7 和学习领域 8 具有深化和扩展作用。

学习领域 ⑤ 通过数据处理系统进行交流

第 1 培训学年	目标学时：40 h

目标描述：

- 学生会描述数据处理系统的应用方法及其在操作流程中的排列情况，以及联网系统的结构和派生出的安全要求
- 学生能分析客户订单，获取相关信息并借助专业通用软件进行准备和文字描述
- 学生会从英文手册中寻找解决方案

内容：
- 操作系统
- 联网的数据处理系统
- 数据保护和数据安全
- 借助行业软件处理信息
- 借助数据处理完成对运行各个过程的控制
- 从人体工程学角度来考虑计算机工位

在学习领域 5 中，重点是数据处理系统的应用及其在操作流程的分类、网络系统结构及安全系统。在对数据处理的基本知识具有一定的理解能力后，学习如何使用行业的标准软件。作为机电一体化技术的培训内容，不仅要掌握数据处理操作系统，也要会使用应用程序，如 CAD 软件、仿真机器人的编程软件、互联网或类似软件。

学习领域 ⑥ 工作流程的规划和组织

第 2 培训学年	目标学时：40 h

目标描述：
- 学生能够描述企业的组织关系，根据功能、生产技术和经济效益等要素组成工作小组
- 学生了解工作流程设计所必需的技术工具；运用各种数据处理系统进行工序流程规划，应用质量控制方法对其进行控制和管理，并进行书面描述
- 在工作准备过程中，学生会遵守健康和劳动保护规定
- 学生会使用专业英语术语

内容：
- 材料安置和核算
- 工序流程的分析
- 结果的评估和存档
- 人类工程学及工伤事故的预防措施
- 简单的工时和成本计算
- 工作流程的说明方法
- 质量管理

学习领域 6 与多个学习领域相关，贯穿 13 个学习领域，涉及工作计划与组织的相关内容，会在不同项目中有相同的内容出现。公司的组织结构和根据面向生产和经济标准的工作团队的组织是这一领域的学习重点。理解业务流程，并能够在设备或工作流程受到干扰时提出解决方案，能够看懂并解释工序流程图。工作过程、生产活动中必须以质量意识为重，必须有事故预防措施的全面认识，以及自觉遵守的意识。

学习领域 ⑦ 机电一体化子系统的实现

第2培训学年	目标学时：100 h

目标描述：

- 学生能够描述机电一体化子系统的构造，会阐述传感器和转换器的工作原理，并且能调校传感器
- 学生能够通过电气、气动和液压部件了解实现线性运动和转动的可能性，并且使用关于控制和调节的知识对行程和移动方向进行控制
- 学生能够通过检查信号对部件的功能进行检验并清除故障
- 学生能够设计基本电路，并用英语描述工作模式
- 学生能够掌握简单的编程方法

内容：

- 开环控制回路和闭环控制回路、框图
- 控制和调节的参数
- 传感器和转换器的工作原理
- 传感器和互感器的信号处理方式
- 简单的动作流程和控制功能的编程
- 电路设计
- 控制和调节流程的图形表示
- 信号测量
- 驱动模式原理图
- 功能图中驱动单元的说明

　　学习领域 7 是将机械、电气、气动与液压的基础领域所学内容进行综合搭建，且与学习领域 8 密切相关。通过该领域了解控制与调节技术相关概念并予以区分归类，能描述控制和调节的原理，能识读和绘制简单开环控制系统图和闭环控制系统图，能根据标准绘制顺序控制图并编程，根据实际情况选用测量仪器进行检测并排除故障。

学习领域 ⑧ 机电一体化系统的设计和开发

第2培训学年	目标学时：140 h

目标描述：

- 学生能描述一个由多个部件构成的机电一体化系统的结构和信号路径。学生会分析变换的操作条件对处理流程的影响
- 学生能通过接口的信号检查识别故障，并排除故障

- 学生会使用控制和调节流程中的测量技术方法，处理并记录结果
- 学生能应用控制和调节技术的知识，控制动作的速度和转速
- 学生能连接驱动单元，在驱动单元和工作设备之间选择连接方案，并有目的地使用
- 学生了解过载状况的原因和后果。学生能确定必要保护装置的技术参数，并进行选择。学生能对电路图进行修改
- 学生能认识到危险的来源。学生会遵守劳动和健康保护的规定
- 学生能用英语描述控制和调节技术的关系以及选定的驱动单元的工作原理

内容：

- 驱动装置的标称值和特性曲线
- 极限值
- 保护装置的作用方式、选择与设置
- 驱动装置的控制与调节
- 定位程序、自由度
- 定位确定的检查与测试方法
- 变速器、离合器
- 现有资料改动的整理
- 运动过程与控制功能的编程
- 计算机模拟
- 接口测量值记录

学习领域 8 的学习重点在于机电一体化系统的控制与调节设计，以及在机电一体化系统的控制和规定范围内，描述机电一体化系统的内部结构和复杂机电一体化系统的信号特征。通过对该学习领域的学习，机电一体化技术的从业人员能够理解机电一体化系统内部的结构和掌握复杂机电一体化系统的控制与调节过程，能够对机电一体化系统进行组装、拆卸和检查，并在需要改变运行的情况时对机电一体化系统进行合理的干预，采用合理的保护与安全措施，并严格遵守。

学习领域 9 综合机电一体化系统中信息流的检查

第 3 培训学年   **目标学时：80 h**

目标描述：

- 学生能看懂电路图，并借助图样描述系统中的信息结构。学生会说明电气、机械、气动和液压部件间的连接
- 学生能掌握检查信息流的测量方法，通过分析信号判定故障来源
- 学生能通过数据处理采用合适的诊断方法排除故障
- 学生会对现有文档进行修改，并能用英语修改文档

内容：

- 系统中的信号路径
- 信号结构
- 总线系统
- 检验和测量方法
- 系统部件间接口的检查
- 子系统之间的联网
- 联网系统中的分层
- 测量结果的文档记录

在学习领域 9 中，确定和描述机电一体化系统中的信息结构时，需要用到以前学到的所有知识和技能，通过了解复杂机电一体化系统中机械、电气、气动和液压部件的连接，可以区分信号，理解信号的生成与传输模式，可以采用合理的方法对信号进行测试，并在可能的情况下，限制和消除错误信号。完成这些任务的前提条件是能合理地测量和诊断程序，以及拥有对总线系统层次的概述能力。

学习领域 10　装配和拆卸规划

第 3 培训学年	目标学时：40 h

目标描述：

- 学生能掌握机电一体化系统装配和拆卸的规划和准备工作，能够解释工作流程并能够对结果进行评估
- 学生会在准备阶段考虑健康和劳动保护的重要性
- 学生会在现场检查装配条件并分析，会规划如何运用必要的辅助手段
- 学生会在团队中组织工作
- 学生会用英语针对装配说明进行沟通

内容：

- 组装技术材料
- 遵守相关规定、现场安装作业的工作场地条件
- 机电系统的供应和回收装置
- 运输工具、升降装置和装配辅助工具
- 安全防护措施及其检查
- 安装过程中的检测
- 形状公差和位置公差
- 校准
- 拆卸过程中的废物处理和回收

学习领域 10 是掌握装配或拆卸过程中所涉及任务的技能，包括制订装配或拆卸计划，解释和评估装配图，以及其他装配操作中有关装配文件的阅读能力。完成这些任务的前提条件是机电一体化系统内部结构的所有测量程序，选择合理的装配工具，遵守安全保障规定，能够充分合理地使用运输设备或起重设备，能够创建装配文档。学习领域 10 的特殊性在于，行业的复杂性与多样性显而易见，不只是针对小型的机电一体化设备的装配任务，对于大型机床和生产线也是一样的。

学习领域 11 调试、故障诊断和维修

第 3 培训学年	目标学时：160 h

目标描述：

- 学生会从技术资料中获取信息，将各个机电子系统整装功能件和各个功能部件及防护设备组装在一起
- 学生能阐述各个组成部分对整个机电系统的影响，并借助于各部分的检查对各项功能进行检测。学生能掌握必要的测量方法，并有目的地使用
- 学生能说明机电一体化系统的调试方法，并确定整体系统的调试步骤
- 学生能使用诊断系统，并对功能记录和故障记录进行解释
- 学生会检查保护措施的有效性
- 学生能调校传感器和执行器，检查系统参数并对其进行设置。学生会把结果记录在文档中。学生能系统性地划分故障，并且排除故障
- 学生能使用英语进行沟通

内容：

- 机电一体化系统的框图、效应图和功能图
- 传感器和执行器的检查和设置
- 系统参数设置
- 总线参数设置
- 软件安装
- 电气、气动和液压系统的故障检查流程
- 故障分析
- 故障查找策略，典型的故障原因
- 电气和机械保护措施，保护规定
- 电磁兼容性
- 过程可视化，诊断系统，远程诊断
- 调试报告，故障记录，维修记录
- 质量保障方法
- 程序错误的清除
- 客户要求的满足
- 机电一体化系统对经济效益、生态效益和社会的影响

学习领域 11 的学习目的是通过学习使用机电一体化技术文档，将系统分解成各个系统功能模块并调查这些功能模块之间的相互作用关系和相互影响，并对机电一体化系统内在关系进行分析，从而使机电一体化工作人员在操作机电一体化系统时，能避免失误及错误定位，能描述错误的产生原因，并能够排除故障。因此，该学习领域要传授不同的调试方法，对系统进行测试诊断，调节传感器与执行器，设置系统参数，并能将调整结果输入所提供的技术文档中。能有条理地排除系统故障是学习领域 11 的主要学习内容。

学习领域 12　预防性维护

第 3 培训学年	目标学时：80 h

目标描述：

- 学生能阐述技术系统操作安全性的影响因素和预防性维修的必要性
- 学生会使用保养计划，并且使用满足保养要求的方法
- 学生能检查、调节和调试安全装置
- 学生会遵守健康和劳动保护的规定
- 学生会进行故障分析，并用统计方法处理结果
- 学生会把保养工作的结果记录在文档中
- 学生会用英语讲述处理结果

内容：

- 污染、机械劳损、消耗和磨损对机电系统的影响
- 系统可靠性
- 制订和调整保养维护计划
- 系统检修
- 安全装置的检查方法
- 根据变更要求调整系统组件
- 诊断方法和保养系统
- 质量管理
- 记录文档
- 技术文件的修改

　　机电一体化系统的可靠性是学习领域 12 研究的重点。通过学习，从业人员能够从各个系统元件的功能关系推论得到实现操作的安全结论，并采取适当的保护措施。依据安装维护指导文件和操作手册，机电一体化技术人员能够确认并描述维护保养的任务，最终制订维护保养计划。与学习领域 11 类似，本学习领域的内容主要在机电一体化系统的安装、调试与维护的工作中得到体现。

学习领域 13　向客户移交机电一体化系统

第 3 培训学年　　　　　　　　　　　　　　　　　　　**目标学时：60 h**

目标描述：

- 学生会用文字和图像准备机电一体化系统的信息，并进行演示
- 学生能规划并实际指导运行和操作人员熟悉系统，加入技术材料并付诸实施
- 学生能用英语交流信息
- 学生会考虑客户关系构成的原则和企业的营销策略

内容：

- 企业内部通信系统的使用
- 团队合作
- 信息沟通
- 解说、演示
- 客户 / 供应商关系
- 操作说明书、使用说明书

　　学习领域 13 要求机电一体化从业人员向企业相关部门提供技术资料时，应用图文处理，同时能考虑到企业自身与客户或供应商的整体关系，通过创建用户手册或帮助文件来描述和解释机电一体化系统。本学习领域的重点是沟通交流能力，这种能力的发展有其基本的技巧，但也需要扩展到其他学习领域。

学习准备二
认识德国机电一体化工毕业考试

　　在德国，双元制职业培训的学生需要分两次参加毕业考试。毕业考试是为了判定学生是否取得了职业行动能力，证明学生是否掌握了必要的专业技能，是否具备必要的理论知识和一般能力，是否熟识教学中传授的、对职业培训起关键作用的教学内容。毕业考试分为两次，由第 1 部分和第 2 部分组成，通过两次考试可获得 IHK 证书（德国国内）或 AHK 证书（德国以外的其他国家），职业资格认证证书是学徒走上专业工作岗位的"上岗证"。AHK 机电一体化工毕业考试信息如图 1-2 所示，图 1-3 所示是 AHK 机电一体化工毕业考试流程。

AHK 机电一体化工毕业考试信息

机电一体化工毕业考试第 1 部分与第 2 部分			
毕业考试第 1 部分　权重:**40%**		毕业考试第 2 部分　权重:**60%**	
工作任务		考试科目	
– 含情景专业对话在内的工作任务 权重:50% 规定时间:6h30min	– 理论试卷 权重:50% 规定时间:1h30min	– "实践任务"工作订单 权重:50% 规定时间:14h	– 工艺设计 – 功能分析 权重:50% 规定时间:3h30min
– **制订计划** 参考时间:30min – **实施** 参考时间:4h – **检查** 参考时间:2h – **情景专业对话** 规定时间:10min 对话的时间含在考试时间内 对话的时间点可在考试当中任意选择,可以集中进行,也可以分开进行 计划阶段在理论考试之后进行 考虑考生"计划阶段"所用时间可能会少于或超过参考时间,多出或节省的时间计入"实施"和"检查",但总共 6.5h 的规定时间不变	A 部分(50%) 23 道选择题 其中 3 道划掉不答 B 部分(50%) 8 道问答题 每道必答	– **实践任务的准备** 规定时间:8h – **实践任务的实施** 规定时间:6h – **包含情境专业对话** 规定时间:20min 阶段 – 搜集信息 – 制订计划 – 实施 – 检查 "实践任务"评分按以下几个方面进行 – 任务专用的资料 – 情境专业对话 – 考试委员会观察结果	– **工艺设计** 规定时间:105min 权重:50% A 部分(50%) 28 道选择题 其中 3 道划掉不答 B 部分(50%) 8 道问答题 每道必答 – **功能分析** 规定时间:105min 权重:50% A 部分(50%) 28 道选择题 其中 3 道划掉不答 B 部分(50%) 8 道问答题 每道必答

图 1-2　AHK 机电一体化工毕业考试信息

一、毕业考试第 1 部分（操作 6.5h,理论 1.5h,占 40% 毕业成绩）

1)毕业考试第 1 部分安排在第 2 培训学年结束之前举行。

2)毕业考试第 1 部分内容包括第一学年和第 3 学期培训大纲、教学大纲确定传授的专业技能和理论知识,以及在职业行动中起关键作用的培训教学内容。

3)毕业考试第 1 部分考试课题:"在机电子系统上工作"。

4)要求考生展示以下能力:

① 能够整理分析技术资料,确定技术参数,制订并调整工作流程计划,处理材料和工具。

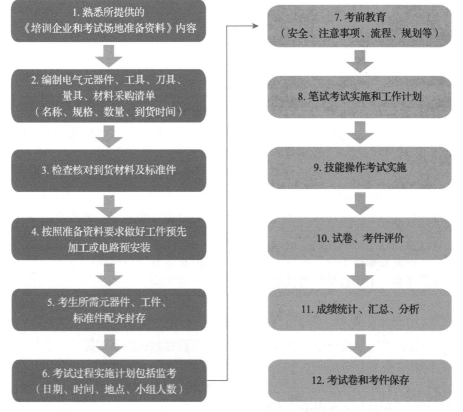

图1-3 AHK机电一体化工毕业考试流程

② 组装组件和元器件并进行布线、连接及配置，遵守安全规则、安全技术规范和环保规定。

③ 评判机电子系统的安全，检查机械与电气保护措施。

④ 分析子系统，检查功能，设定并测量运行数值，实现系统功能。

⑤ 移交并解释系统，记录订单实施情况，编制技术资料（包括检查记录）。

5）要求考生做一个包含情境专业对话和理论考试的工作任务。

6）考试时间为8h，其中包含情境专业对话（最多10min）。理论考试时间为90min。

二、毕业考试第2部分（操作14h，理论3.5h，占60%毕业成绩）

1）毕业考试第2部分安排在第3培训学年结束之前举行。

2）毕业考试第2部分内容包括培训大纲、教学大纲确定传授的专业技能和理论知识，以及在职业行动中起关键作用的培训教学内容。由以下几门考试组成：

① 工作订单。

② 工艺设计。

③ 功能分析。

④ 社会经济学。

考试中必须考虑到职业教育、劳动法与劳资法、培训企业的组织机构、劳动安全与劳动健康保护、环保、企业交流与技术交流、工作过程/流程的计划与控制、工作结果的检查与鉴定、业务过程和质量管理。

3）"工作订单"考试的规定

① 考生应该展示以下能力：

a. 能够分析工作订单，从资料中搜集相关信息，清楚技术上和组织上的衔接，从技术上、企业经济管理和生态角度评价和选取不同解决方案。

b. 计划并调整订单流程，确定分任务，编写设计资料，考虑使用地点的工作流程和有关人之职责。

c. 做订单，检查功能与安全并进行记录，注意系统质量和安全方面的标准和技术规范，查找系统故障和缺陷的原因。

d. 查验放行和移交系统，提供专业信息（要能用英文发布），做验收记录，记录工作结果和所做工作，记录系统数据和系统资料。

② 考试需做的基本工作：机电系统的安装或维护，并进行调试。

③ 为了证明"工作订单"考试中要求的能力，考生应：

a. 在14h内准备、实施和处理一个工作任务，并用订单专用资料进行记录和情境专业对话（最长20min）。专业对话根据与已做企业订单有关的实践资料进行，订单的专业对话是根据有关实践资料来评估考生做订单时与过程相关的重要能力。在做企业订单之前必须向考试委员会提交任务单（包含处理订单时间段）供审批。

b. 工作任务实施时间为6h。通过观察实施情况，根据任务专用资料和专业对话，评估考生做工作任务时与过程相关的重要能力。

4）"工艺设计"考试的规定

① 要求考生展示以下能力

a. 能够进行问题分析。

b. 能够依照技术规范选用、安装和调试需要的机械装置、电气元器件、电线、软件、工具和辅助器具。

c. 能够调整安装计划（安装图）。

d. 在考虑劳动安全的前提下，制订需要的工作步骤计划，应用标准软件。

② 考试基本工作是制订一个工作计划，计划内容是按给定的要求安装并调试一个机电系统。

③ 要求考生答理论题。

④ 考试时间为105min。

5）"功能分析"考试的规定

① 要求考生展示以下能力

a. 能够根据企业工作流程/业务流程制订维护或调试的措施计划。

b. 整理分析线路资料。

c. 解释、修改程序。

d. 检查/检测并表述机电系统的功能关系、机械与电气参数、运动过程。

e. 从功能上厘清信号与接口的对应关系。

f. 选择并应用检查方法和诊断系统。

g. 定位故障原因所在，对保护装置进行测试，检查电气保护措施。

② 考试基本内容：对机电系统进行预防性维护，对机电系统中的故障进行系统查找、维护与查找、实施方式说明。

③ 要求考生答理论题。

④ 考试时间为 105 min。

6）对于"社会经济学"考试的规定

① 要求考生证明以下能力：能够表述和评判职业与劳动界的一般经济关系与社会关系。

② 要求考生答面向实践的理论题。

③ 考试时间为 60min。

三、权重与通过考试规则

1）各门考试权重

① 机电分系统上的工作占 40%。

② 工作订单占 30%。

③ 工艺设计占 12%。

④ 功能分析占 12%。

⑤ 社会经济学占 6%。

2）达到以下成绩要求，毕业考试合格。

① 毕业考试第 1 和第 2 部分总成绩至少"及格（50 分）"。

② "工作订单"考试至少"及格"。

③ "工作订单""工艺设计""功能分析"三门考试中至少两门"及格"。

④ 毕业考试第 2 部分中不得有任何一门考试"不及格"。

3）如果考生在"工艺设计""功能分析""社会经济学"这几门考试中有一门不及格，可以申请并经考试委员会审核同意，针对不及格的一门给予大约 15min 的口试补考。口试补考成绩计算方法：将原来成绩与口试补考成绩按 2:1 折算。

学习准备三
实施培训规范教育

理论学习和实践学习相交替的双元制，每周三四天由企业承担技能实践培训，学员在企业培训中心接受企业化管理，其职业素养的要求与准员工一致。本土化的双元制培训，即使实践培训不在企业进行，所有实践场所的管理运行也应当借鉴企业化管理的规范化、标准化，给学员提供职业化的实践环境，并且在整个培训过程中贯穿对职业素养的培养非常重要。

学员入班后，应安排相关企业对新员工进行入职培训，进行培训中心概况、培训中心规章制度、职业礼仪教育、质量管理体系、环境意识、消防安全等培训。以下列举《培训中心规章制度》和《培训中心学员守则》部分内容，仅供参考。

一、培训中心规章制度

1）学员进入培训中心前，必须穿好工作服和安全鞋，佩戴安全眼镜等防护用品；必须扣好袖口，长发必须盘起置于安全帽内。

2）严禁佩戴手套、手链、戒指、项链和学员胸卡等，以免物品缠绕或卷入机器中发生危险。

3）学员必须学习并熟记机床安全操作规程、机床使用说明书和机床操作作业指导书。

4）学员在培训期间，严禁擅自使用机床，需在培训师的指导下操作。

5）在使用设备前，必须对机床进行点检，合格后方能使用。

6）在设备使用完成后，必须及时清扫和维护，并填写机床使用记录表。

7）在操作过程中，如有警报或异常现象等，必须立即停机并报告相关人员。

8）在操作过程中，如有人员受伤，必须立即采取紧急措施并报告相关人员。

9）严禁在休息不良、饮酒或服用药物等身体不适的情况下操作机床。

10）严禁多人同时操作一台机床。

11）在车间无他人的情况下，严禁使用机床。在不知情的情况下，严禁盲目介入他人操作。

二、培训中心学生守则

1）学生必须提前 10min 进入培训中心，列队等候指导教师的指示。

2）不得迟到早退，迟到早退 10min 以上按旷课一节处理；迟到早退满三次视为旷课一天；缺课（包括病假、事假和旷课等）课时累计超过实训总课时的 1/5 取消考试资格，实习成绩不及格，无补考机会。

3）有事需请假，得到指导教师同意方可离开工作岗位。凡因病休假（一律凭医生证明请假）、事假等需事先办理请假手续，事假 2h 以内须经指导教师同意，4h 以内须经实习工厂负责人同意，一天及以上须经学院辅导员和实习工厂负责人共同批准，否则以旷课论处。

4）学生必须按规定穿戴工作服及各种劳保用品，不准戴围巾，以及穿凉鞋、拖鞋和裙子进入培训中心，女同学必须戴安全帽，将长发或辫子置于帽内。

5）不得将任何零食及与实训无关的书籍、器物等带入培训中心；携带的饮料必须在指定地点有序摆放，违者不得进入培训中心学习。

6）学生必须服从指导教师的管理，严格按照指定工种、指定位置，使用指定设备、工具和材料进行实习，不准在工区之间或工位之间来回串岗，更不得嬉戏、打闹，不得擅自进入与自己无关的工作场所。严禁乱拿材料，乱动实习场所内的其他设备。

7）学生进入培训场地后，对所用设备、仪器、仪表、机床和工具等，未充分了解其性能及使用方法前，不得草率地进行操作和使用；非自己操作的设备不得随便使用；

不得擅自拆卸所用工具、仪器和仪表。如果需了解某设备的性能结构，可请教有关指导教师。

8）培训中对所用仪器、设备、工具和量具等应注意维护保养和妥善保管，若有损坏或丢失，酌情按价赔偿。

9）每天按照要求认真填写设备使用记录、完成实验和实训报告，做到文字工整，图形清晰。

10）每次培训完毕后，应按规定做好清洁和整理工作，如果不合要求，指导老师可令其重做，否则本次实习可视为并未完成。经指导教师检查合格后方可离开。

11）学生除遵守本守则外，还必须遵守各车间制定的各项规章制度和各工种的安全操作规程。

12）学生如果违反本守则，造成的一切后果，由当事人负全责。

三、安全指导证明

学员在独立完成任务时，为了保护学员在起动 / 调试、故障寻找和在带电设备和工作器件上测量时免受电击，每位学员在实施任务之前要由指导老师进行作业危险安全指导。可以用企业内部的表格或本表记录安全指导，安全指导证明有效期为 6 个月。安全教育的内容见表 1-2。安全指导证明见表 1-3。

表 1-2 安全教育的内容

人身安全	• 防护用品穿戴 • 设备安全性检查 • 现场安全标志 • 常备急救用品 • 急救措施 • 危险品存放
设备仪器安全	• 设备安全措施检测 • 设备安全操作规程

表 1-3 安全指导证明

安全指导内容（写出关键词语即可）

签字确认：我已经为学员作了在电气设备和工作器件上工作的危险安全指导教育，并且此学员已经在实践中证明其具备了相关操作能力。

日期 ＿＿＿＿＿＿＿＿＿＿　　　　指导教师签名 / 盖章 ＿＿＿＿＿＿＿＿＿＿＿

签字确认：我已经知道了有关规定，受到了有关在电气设备和器件上工作的危险安全指导教育，我将注意和遵守这些规定。

日期 ＿＿＿＿＿＿＿＿＿＿　　　　学员签名 ＿＿＿＿＿＿＿＿＿＿＿

四、质量管理 6S

产品质量要得到可靠保证，在培训中心推行和企业相似的全面质量管理（TQM）势在必行，而 6S 则是 TQM 的第一步。6S 是培养学员接受先进管理方法，养成良好的工作习惯，培养优秀职业素养的第一步。学员在进入培训中心接受培训前，首先进行 6S 培训，在培训场所应认真执行所制定的《6S 考评管理制度》。

培训生实操着装标准如图 1-4 所示。

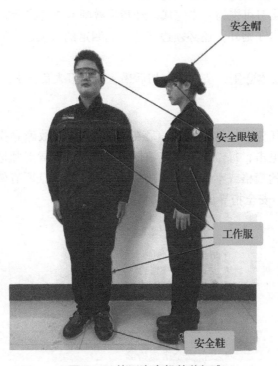

图 1-4　培训生实操着装标准

机电系统装调区现场 6S 管理

各区域没有堆放杂物，地面保持清洁，无废弃导线、污垢和碎屑等，操作台面眼观干净、手摸无尘

工具柜在使用中按照标志分隔整齐放置工具，使用完后归还原处并检查

机电系统装调区现场 6S 管理

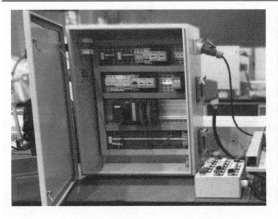

电气柜内元件使用完毕后保持完好无损，线槽盖好，无多余导线，使用完毕后归置原处

控制板元件使用完毕后保持完好无损，线槽盖好，无多余导线，使用完毕后归置原处

整理工作现场，清理耗材，物归原处，打扫工作现场卫生

填写设备使用记录及耗材消耗清单

✍练一练

1. 企业 6S 管理的内容是什么？

_____

_____

_____

2. 请简要描述 ISO 9000 的八项质量管理原则。

_____

_____

_____

3. 请描述 6S 在质量控制中的意义。

_____

_____

_____

_____

4. 请每组设计一个质量目标和质量口号，并记录。

_____

_____

_____

_____

学习准备四
了解电气安全作业

一、一般用电要求

电气技术人员拥有专业的经验和知识，可以对从事的工作进行评估，并能识别可能的危险。如果在使用电能时忽略必要的安全措施，很可能造成人员伤亡及财产的损失，因此电气设备安装者有义务遵守相关规定，如德国的 VDE 标准（VDE 0100 低压设备制造、VDE 0105 电气设备操作）、我国的国家电气设备安全技术规范（GB 19517—2009），以及按照电气工程的规定对电气设备和元件进行安装和维护。学员在进行电气实践操作前，必须接受防触电的劳动保护与事故防范的安全作业知识培训，如触电的危害、防止人体触电的技术措施、触电急救、电气防火防爆等。

> 注 VDE 标准隶属德国标准化学会（DIN），VDE 标准由 VDE 规定、VDE 方针政策和增刊组成，电气从业人员应根据 VDE 规定和仪器设备安全法进行产品的电气技术安全检测。

（一）电流对人体的危害

当人体通过交流电（50~60Hz）时，会产生一定的生理反应，通常电流值如下：

■ 身体感知电流

舌头：4.0~5.0μA。

手指：1.0~1.5mA。

　　肌肉痉挛：20mA。

　　心室颤动：50mA。

■ 当电流强度超过 500mA 时，触电常常致死！

　　根据标准 DINV VDE V 0140 进行的 50Hz 交流电试验得出了 4 个从 AC–1~ AC–4 的影响范围，如图 1–5 所示。

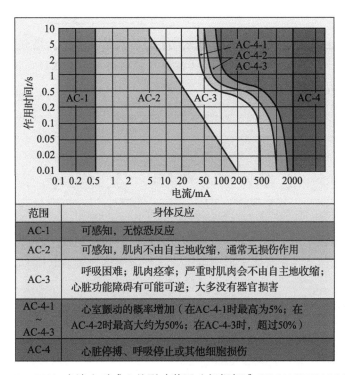

范围	身体反应
AC-1	可感知，无惊恐反应
AC-2	可感知，肌肉不由自主地收缩，通常无损伤作用
AC-3	呼吸困难；肌肉痉挛；严重时肌肉会不由自主地收缩；心脏功能障碍有可能可逆；大多没有器官损害
AC-4-1 ~ AC-4-3	心室颤动的概率增加（在AC-4-1时最高为5%；在AC-4-2时最高大约为50%；在AC-4-3时，超过50%）
AC-4	心脏停搏、呼吸停止或其他细胞损伤

图 1–5　50Hz 交流电对成人的影响范围（根据标准 DINV VDE V 0140）

练一练

　　1. 电流对人体的作用会被哪些因素影响？

_____

_____

_____

　　2. 人类可以对电流有所感觉的最低电流是多少？交流电流过身体时，通常会造成心室颤动的最低电流是多少？往往导致死亡的最低电流是多少？

_____

_____

_____

_____

3. 国际上规定了人类连续接触电压的最大极限值 U_L，请说明这些极限值。提示：注意电压的种类是 AC 还是 DC。

_____

_____

_____

_____

4. 在车间发生触电事故，身体电阻 R_k=1kΩ 的人站在地上，碰到了相线 L1，电流作用时间有好几秒，事故电路的电阻 R（故障电流电路）为 1.2kΩ。请计算（忽略过渡电阻）身体电流 I_k 和接触电压 U_B。

_____

_____

_____

_____

- 人类的身体在不利的情况下，如潮湿的皮肤，身体电阻 R_k 大约为 1kΩ。
- 身体流过电流 I_k，在身体上形成电压，这种电压称为接触电压 U_B。

$$U_B=I_kR_k$$

- 允许的连续接触电压的极限值称为 U_L。

（二）防止人体触电的技术措施

1. 基本防护措施

$$\left\{\begin{array}{l}绝缘 \\ 屏护 \\ 安全标志 \\ 安全距离 \\ 安全电压 \\ 保护接地和接零 \\ 漏电保护\end{array}\right.$$

2. 电流事故的处理措施（见表 1-4）

表 1-4　电流事故的处理措施

设　备	处理措施
低压设备	·关闭设备 ·拔电源插头 ·关断保护装置（通常是电路保护开关） ·旋出熔丝

设　　备	处理措施
高压设备	·立即拨打急救电话，保持距离 ·通知负责电网运营的专业人员 ·由具有电路授权的电工切断电路
不明电压	·必须采取与高压设备相同的措施

3. 触电急救措施

1）立即拨打 120 求救。

2）关掉电闸，切断电源，然后施救。

3）对触电者的急救应分秒必争。对于发生呼吸和心跳停止的病人，应一面进行抢救，一面联系 120 求救。

4）伤者神志清醒，呼吸心跳均自主，应让伤者就地平卧，严密观察，暂时不要站立或走动，防止继发休克或心衰。

5）伤者丧失意识时要尝试唤醒伤者。呼吸停止、心搏存在者，就地平卧解松衣扣，通畅气道，立即口对口人工呼吸。

6）发现心跳呼吸停止，应立即进行口对口人工呼吸和胸外按压等复苏措施。

✎ 练一练

1. 发生事故时必须立即采取什么措施？请举例说明。

_____

_____

_____

_____

2. 发生事故时，必须向救援服务中心提供有关事故的重要信息，请列出 5 个最重要的信息。

_____

_____

_____

_____

二、工作场所安全标志

在事故预防规范中，企业或培训中心有义务指明所有工作场地的危险及现有的安全设施责任，安全标志是提醒人员注意或按标志上注明的要求去执行，保障人身和设施安全的重要措施，一般设置在光线充足、醒目和稍高于视线的地方。

电气工程一般标志和安全标志见表 1–5。

表 1-5 电气工程一般标志和安全标志

标示类型	标志	含义	标示类型	标志	含义
指示标志		戴防护镜	禁止标志		不准接触带电壳体
		戴防护耳塞	警告标志		危险电压警示
		穿防护鞋			有毒材料警示
		戴防护帽			激光射线警示
禁止标志		禁止烟火			电离辐射警示
		非饮用水			危险场所警示
		禁止用水灭火			易燃品警示
		禁止合闸	救生标志		医生
		禁止吸烟			急救电话
		禁止通行			紧急出口
		不准储藏与存放			急救

✐ 练一练

1. 阐述表 1-6 中的安全标志及含义。

表 1-6　安全标志及含义

图	标　志	含　义

2. 在一个电气装置上有如图 1-6 所示标志，其含义是什么？

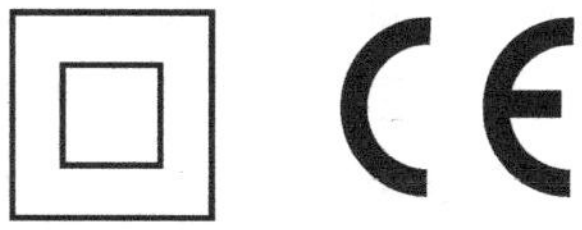

_____

_____

_____

_____

_____

a)　　　　　b)

图 1-6　一个电气装置上的标志

三、电气维修安全步骤

标准 DIN VDE 0105 中明确了 5 条安全规则，这些规则保证了电气设备上工作的安全性。在电气设备旁边工作必须在作业前确保设备已断电，且处于安全状态，须按照下列 5 条安全规则（步骤）进行。

1. 拉下电闸

在照明设备中，很多是采用单极断电的形式。尽管已经切断了工作场所的电流回路，但还存在对地电压，为了安全起见，除断掉电线开关电闸外，须拔掉所有连通到设备电路的保护装置。对于带有电容的电路，必须确保断电后，用合适的辅助工具或内置电阻对电容进行放电处理，电容电压必须在 1min 内降至 50V 以下。

2. 确保不要重合闸

开关箱以及位于工作场所附近的开关须设有禁止标牌（禁止合闸），并注明工作地点以及监管员的姓名。设备电路回路中的部件，如保护装置和开关，在断电后须可靠地进行检查，以防止重合闸。禁止合闸标志及标牌如图1-7所示。

工作进行中！
地点：区域A
解除禁止负责人：Franz Wilde

图1-7 禁止合闸标志及标牌

3. 无电确认

断电之后，可以通过测试确认设备是否真正无电。这样可以避免因保护装置、开关或开关箱的混淆引起的误操作。为了确认无电，必须检测每个电极，检测要使用符合电气检测标准的检测仪器进行，只允许具有电气从业资格的技术人员或电气专业人员来进行。

4. 地线及接地

接地装置及接地须在工作场所的明显位置，如果因技术原因无法实现，应在工作场所附近接好地线。由于地线及接地装置在很多情况下有大的短路电流，因此，一定要特别注意设备接地部分的可靠连接。额定电压达到1000V、带有架空电线的设备，如果已经严格履行了前3个步骤，允许放弃接地装置。

5. 遮盖附件带电部分并加护栏

出于安全考虑或避免带来经济损失，某些设备不允许断电。如果在工作场所有这样的通电设备，应绝缘覆盖并确保工作时身体或工具不会接触到这些设备。对于低压带电设备，可以用橡胶布或者塑料薄膜、盖板来覆盖，这些材料必须具备足够的绝缘和抗冲击力，在固定盖板时须注意防止磨损及滑落。

在工作场所，只有严格执行了上述5个安全步骤后，才能在设备管理人员的引导下重新通电运行。取消安全措施的步骤必须与上述安全步骤顺序相反（从步骤5到步骤1）。

练一练

1. 师傅给徒弟布置了一项任务，更换一个受损的但还有电压的保护接触插座。更换前应该遵循什么样的固定工作顺序？有哪些具体的工作？

2.解释并描述表 1-7 中的图，对不安全的操作打叉并描述原因，标注相应的安全规则。

表 1-7　对不安全的操作打叉并描述原因

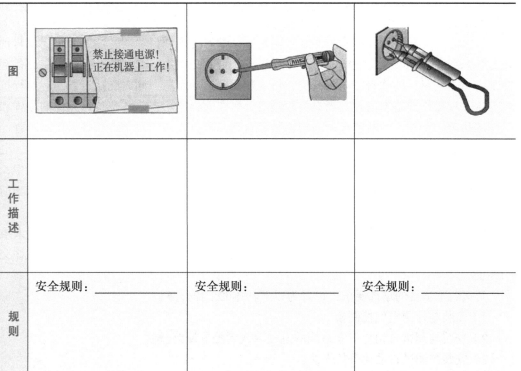

图		
工作描述		
规则	安全规则：＿＿＿＿＿＿＿	安全规则：＿＿＿＿＿＿＿	安全规则：＿＿＿＿＿＿＿

○ 项目描述

　　机电一体化系统由机械系统、电子信息处理系统、能源系统、传感信息系统和执行控制系统五个子系统组成。本项目的机电装置由电气控制柜、执行机构安装板两个部分组成。电气控制柜包含了电子信息处理系统和能源系统相关练习，执行机构安装板包含了传感信息系统、机械系统和执行控制系统练习。通过模拟自动化滑仓系统区分物料和自动化分拣系统运输物料的方式，考核机电一体化工（德国职业资格技能等级四级）的基本工作能力。依据学习认知规律和职业成长规律，将整个培训项目分解为两个子项目，设置成典型工作任务模式的三个学习情境，每个学习情境按照从易到难，从简单到复杂的培训过程划分成学习任务。

　　子项目一　自动化滑仓系统的安装与调试。了解机电一体化系统中常用低压元器件的结构和工作原理，以及在电路中的使用方法，能够选择合适的专业仪器仪表进行检测，并具备设备基本维护的能力。其主要工作流程为：首先，在设备起动前，将不同材质的物料放入料仓内，保证料块大小合适，不能卡在料仓中。同时，将设备所有执行机构手动操作到基本位置。当设备起动后，操作面板显示当前各个执行元件的位置和系统当前状态。自动运行状态下，按下起动按钮，设备开始运行，先从料仓中取料，并将物料块推入滑仓的检测区，检测区具有阻料功能，在没有检测出物料的材质前不会放料。当设备接收到检测反馈信号后，释放被阻料，物料块滑下，并且计数，计数达到设定值后，系统自动运行停止。运行过程中，按下急停按钮，设备停止运行，任何面板操作无效，显示面板指示灯保持显示当前状态。急停按钮复位后，需按下急停复位按钮重启，方可再次操作。

子项目二　自动化分拣系统的安装与调试。学习完子项目一后，按照要求完成自动化分拣系统的硬件安装、程序编写、逻辑调试和设备移交。其主要流程为：在设备起动前，将不同材质的物料放入料仓内，保证物料块大小合适，同时确认设备所有执行机构是否手动操作到基本位置。当设备起动后，操作面板显示当前各个执行元件的位置和系统的状态。首先，判断料仓内的物料是否有料且未打入销：若是，则打入销；若否，则等待安放销，重新按下自动运行的开始按钮才继续执行动作。当判断条件达成时，电动机带动轴模转动，料仓将移动到指定的三个物料放置点进行分拣放料。运行过程中，按下急停按钮，设备停止运行，且任何面板操作无效，显示面板的指示灯保持显示当前状态。急停按钮复位后，需按下急停复位按钮进行重启，方可再次进行操作。

根据给定的情境任务，收集相关资料，制订合理的执行计划，每项任务建议 2 人组队合作，通过小组讨论得出最佳计划，并且根据制订的计划开始实施、检测、项目移交和评价。

为达到本项目的培训要求，设置为以下具体的工作任务：

1）安装与检测电气控制柜。

2）安装与调试自动化滑仓系统的电气 – 气动控制回路。

3）安装与调试自动化分拣系统。

○ 项目目标

1. 知识目标

1）掌握机械图样、电气图样的绘制与识图方法。

2）掌握锉削、钻孔和攻螺纹等加工方法。

3）熟悉机械组件装配的一般步骤和调整方法。

4）了解常用低压电气元器件的功能、结构和符号；熟悉工作原理；掌握安装和检测方法。

5）熟悉常用电气测量仪表的功能及使用方法。

6）了解常用气动元件的功能、结构和符号；熟悉工作原理；掌握安装调试方法。

7）了解常用传感器的功能、结构和符号；熟悉工作原理；掌握安装调试方法。

8）熟悉机械、气动和电气安装相关的国家规范与标准。

9）熟悉三相交流异步电动机正反转控制的方法。

10）熟悉 PLC 编程软件，掌握编程调试方法。

11）熟悉基于工作任务的六步法。

12）了解工作场所中 6S 管理的内涵。

2. 技能目标

1）能根据订单任务制订工作计划。

2）能描述工作步骤，制订合理的加工工艺，绘制电气接线图，编制控制工艺流程图。

3）能读懂总装图、零件图，选择合适的加工设备和方法加工出符合要求的零件；能按照总装图进行规范的安装；能对机械部件进行目测检查，并记录检查结果。

4）能读懂布置安装图、气动控制回路图和电气原理图，选择合适的气动元件、传感器和低压电器等，按照要求规范地安装气动控制回路、电气控制回路；能对气动元件及控制回路进行检查调试，并记录检查结果；能对电气安装及接线部分进行检查，并记录检查结果；能选择合适的电气测量仪表对绝缘电阻、电压、相位和漏电保护相关电气参数等进行测量，并记录检查结果。

5）能根据功能描述，读懂按 GRAFCET 绘制的流程图，或自行补充完整的流程图，并能根据流程图编写 PLC 程序以及对程序进行调试。

6）能对整个系统进行功能检查，能排除故障，并记录检查结果。

7）能正确回答跟任务实施相关的专业提问。

8）能按照 DIN 标准进行任务的实施，并在项目移交时，准备好完整的资料，能对设备的操作进行描述。

3. 个人能力

1）具备劳动纪律意识、安全操作意识、节约意识和环保意识等。

2）具备自学能力、项目汇报能力和团队合作能力等职业关键能力。

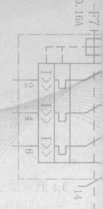

学习情境二
安装与检测电气控制柜

● 情境引入

你和小王是机电一体化技术专业的大三学生，在实习期选择了一家生产制造型德国企业作为实习公司。你们通过入职培训后，被分配到装配部（Assembly Department）。在某工作周的周一，培训师 Robert 的工作邮箱收到一封由 MRP（Material Requirement Planning，物料需求计划）部门发来的关于加急订单邮件。该邮件说明：我公司收到重要客户的一份订单，需要完成一套电气控制系统用于产品展示，该系统能演示客户自家的元器件产品。设计初稿已经由工程部（Engineering Department）的工程师完成，需要装配部进行安装调试，并根据 DIN VDE 0100 第 600 部分，进行外观检查和完成验收报告。Robert 负责带着你和小王一起完成该任务。接下来，你们通过工作任务学习如何完成机电一体化子系统的安装与调试。因为刚入职，Robert 让你们先负责电气控制柜的安装与检测。

学习任务一
安装电气控制柜

● 任务描述

按照《自动化滑仓系统图样册》中电气图样的要求，安装一个外部连有 PLC 控制系统的电气控制柜。电气控制柜包含主回路和控制回路两部分，主回路负责给电动机、开关电源和维修插座提供能源；控制回路则负责控制设备的运行，以及控制信号的传输。在实施安装的过程中，结合 DIN VDE 标准规范和电气控制柜安装相关工艺，在考虑材料和人力成本，以及环保要求的情况下，通过收集资料制订科学合理的电气控制柜主回路安装计划，并且按照制订的工作计划进行任务的实施，按照检查表完成线路的目测检查。在完成所有任务后，小组进行总结和评价。滑仓系统实物展示如图 2-1 所示，电气控制柜完成图如图 2-2 所示。

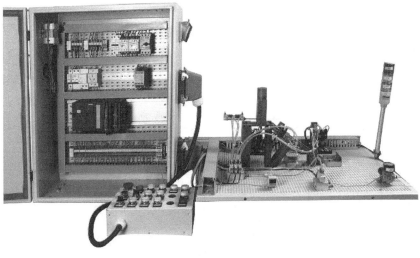

图 2-1　滑仓系统实物展示

图 2-2　电气控制柜完成图

【材料清单】

电气控制柜材料清单

序号	数量	名称与说明
1	1	开关柜，宽 × 高 × 深 =600mm×800mm×250mm（至少），有可能另外有加固的辅助结构，防止翻倒
2	1	电源 DC 24V，4A，或者可选用通过集成的 PLC 电源供电
3	1	符合 DIN EN 60715 的卡轨（型材卡轨），与 6 号件相配，长约 2m
4	6	端部角撑，与 6 号件相配
5	6	盖板，与 6 号件相配（比如 4 个灰色，2 个蓝色）
6	90	端子板 2.5mm²，与 3 号件相配（比如：灰色）
7	5	端子板 2.5mm²，与 3 号件相配，蓝色
8	6	PE 端子板 2.5mm²，与 3 号件相配
9	3	PE 端子板 6.0mm²，与 3 号件相配
10	X	标记牌，与 6 号件相配
11	X	跨接，与 6 号件相配
12	1	急停开关装置（安全继电器），DC 24V，双通道工作，在输入回路中有接地、短路和交叉识别功能，起动受到监控，反馈电路用来监控外部的接触器（至少 3 个 NO）
13	1	负荷隔离开关，3 线，约 25A，用于安装 / 加装，IP40
14	3	带有灭弧元件的接触器，4kW，DC 24V；3H+2NC，2NO
15	1	电动机保护开关 3×0.11–0.16A（带辅助触点，1NC，1NO）
16	1	断路器 B10A，1 极
17	1	断路器 B6A，1 极
18	1	断路器 C4A，1 极
19	1	剩余电流断路器（RCD），16A/10mA，2 极，A 型
20	1	CEE 三相交流电插头，5 极，400V，16A，6h，用于安装 / 加装
21	1	带保护触点的插座，用于在卡轨上安装，230V，16A
22	2	40 位孔式插芯的扩展安装壳
23	2	40 位孔式插芯（压接式、旋接式或非旋接式）若是压接触点，必须注意需要的截面积
24	2	40 位针式插芯 + PE 的活插外壳，1 个带多重管接头，与执行元件 / 传感器分配系统相配，与Ⅲ/5 相配
25	2	40 位针式插芯（压接式、旋接式或非旋接式）若是压接触点，必须注意需要的截面积。
26	1	CEE 三相交流电插座，4 极，400V，16A，6h 用于安装 / 加装
27	4m	布线槽，开槽的，至少约 45mm×65mm（宽 × 高）

（续）

序号	数量	名称与说明
28	95m	塑料芯线 H05V-K0.5mm²，深蓝色或者企业常用的（控制回路 24V）
29	3.5m	塑料芯线 H07V-K1.5mm²，浅蓝色或者企业常用的（零线）
30	3m	塑料芯线 H07V-K1.5mm²，红色或者企业常用的（电压 230V）
31	5m	塑料芯线 H07V-K1.5mm²，绿 / 黄色或者企业常用的（保护线）
32	12m	塑料芯线 H07V-K1.5mm²，紫色的或者企业常用的（急停开关装置）
33	12m	塑料芯线 H07V-K2.5mm²，黑色或者企业常用的（主回路）
34	2m	塑料芯线 H07V-K2.5mm²，橙色或者企业常用的（负载隔离开关进线）
35	5m	塑料芯线 H07V-K6mm²，绿 / 黄色或者企业常用的（保护线）
36	X	绝缘的冷压头
37	X	绝缘的环形线鼻子
38	约 15	电缆扎带，长约 100mm
39	X	自粘标签，用于元器件标注

注 1. X 表示数量，根据所用的元器件确定。

2. H05V-K：①额定电压。线径小于 1.5mm² 的对应 300~500V；线径大于或等于 1.5mm² 的对应 450~750V。②导体材料为多股铜导体，符合 GB/T 5023 示例标准（等同于 IEC 60227）。③绝缘材料为聚氯乙烯混合材料（PVC）。

子任务一 安装电气控制柜主回路

● 培训目标

1）能熟练识读电气安装布置图、原理图。

2）能根据任务要求选取合适的低压元器件，并进行检测。

3）能制订工作计划，并按照制订的工作流程和安装工艺完成电气柜主回路的安装。

4）能对电气安装及接线部分进行检查，并记录检查结果。

5）遵守操作规范、用电安全，做好 6S 管理。

6）能进行有效的团队合作。

● 培训安排

该阶段培训任务主要按照工艺标准完成电气控制柜主回路的安装，掌握识读图样、元器件选型和检测等基本技能。本阶段的学习时长建议控制在 8 个培训学时，约 480min。其中约 90min 用于理论知识和安装规范的学习，以及制订安装计划，剩余时间用于任务实施。

● 资讯

1. 根据图 2-3 所示，试解释画圈处的符号和图形分别表示什么意思？

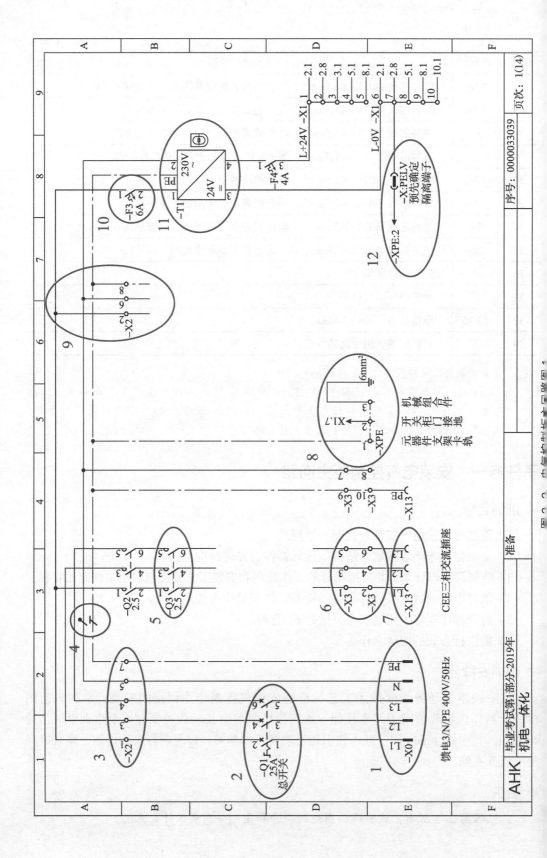

解释 1

符号含义：_____

数字含义：_____

注意事项：_____

_____

解释 2

符号含义：_____

数字含义：_____

注意事项：_____

_____

解释 3

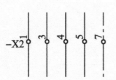

符号含义：_____

数字含义：_____

注意事项：_____

_____

解释 4

符号含义：_____

注意事项：_____

_____

解释 5

符号含义：_____

数字含义：_____

注意事项：_____

_____

解释6

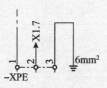

符号含义: _____

数字含义: _____

注意事项: _____

_____

解释7

符号含义: _____

数字含义: _____

注意事项: _____

_____

解释8

符号含义: _____

数字含义: _____

注意事项: _____

_____

解释9

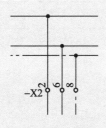

符号含义: _____

数字含义: _____

注意事项: _____

_____

解释10

符号含义: _____

数字含义: _____

注意事项: _____

_____

解释 11

符号含义: _____

数字含义: _____

注意事项: _____

_____

解释 12

–XPE:2 ◄── ──◼──
–X:PELV
预先确定
隔离端子

符号含义: _____

数字含义: _____

注意事项: _____

_____

2. 请说明图 2-4 所示深色方框部分电气符号的含义及在电路中的作用。

_____

_____

_____

3. 在电气控制柜中使用到了一些连接器, 如图 2-5 和图 2-6 所示, 请分别写出各个元件的名称, 了解不同型号的区别, 解释它们在电路中的功能。

_____

_____

_____

_____

_____

_____

_____

_____

_____

_____

_____

_____

_____

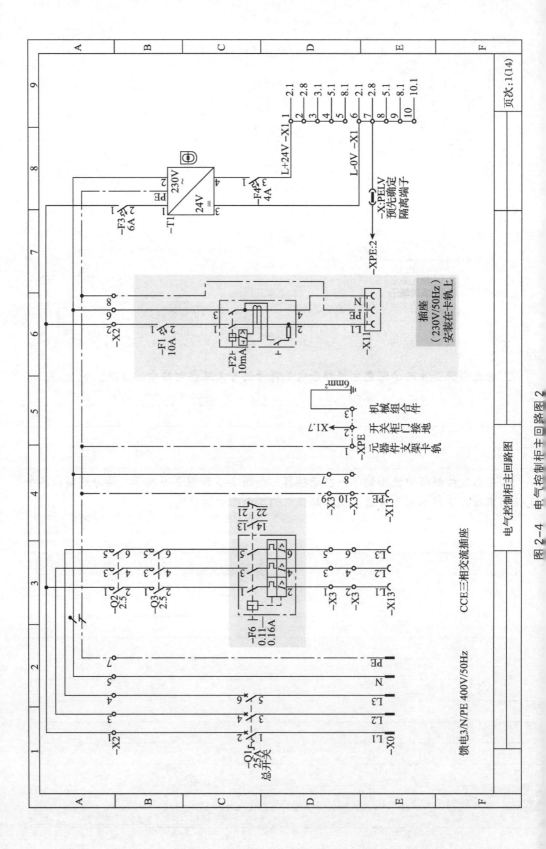

图 2-4　电气控制柜主回路图 2

图 2-5 连接器 1

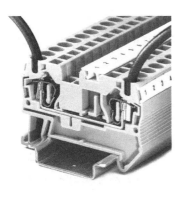

图 2-6 连接器 2

4.电气控制柜的主回路用到了多个断路器,请解释断路器的工作原理,以及如图 2-7 所示参数 IC65N D32A 的含义。

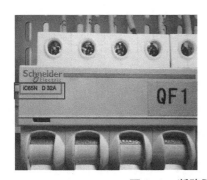

图 2-7 断路器和参数标志

_____

_____

_____

_____

_____

5. 剩余电流断路器在电气回路中是一种常用的保护元器件。请收集相关资料，解释如图 2-8 所示拼装式剩余电流断路器的工作原理和使用方法。

请补充电气符号图

图 2-8　拼装式剩余电流断路器

6. 电动机工作时，一般会在回路中单独使用电动机保护器对电动机进行保护。请收集相关资料，说明电动机保护器的工作原理和使用方法，如图 2-9 所示。

请补充电气符号图

图 2-9　电动机保护器

7. 中间继电器的结构和工作原理与交流接触器基本相同，请收集相关资料，尝试说明它们的区别，如图 2-10 和图 2-11 所示。

图 2-10　交流接触器　　　　　图 2-11　中间继电器

_____

_____

_____

_____

_____

_____

_____

8. 在供电回路中，涉及多种类型的电压回路时，一般会选用电源转化模块进行电源类型的转化。例如在主回路中，可以发现外部供电电压为 AC 400V，但系统中控制部分的元器件操作电压为 DC 24V，需要通过电源模块进行转化。请收集相关电源的资料回答以下几个问题。PLC300 电源模块（AC → DC）如图 2-12 所示。

1）收集有关电源模块结构、功能和安装注意事项等信息，简要记录在下方。

_____

_____

_____

_____

_____

_____

_____

图 2-12　PLC 300 电源模块
（AC→DC）

2）将电源模块内部交流电转化成直流电的步骤名称填写到图 2-13 所示对应的空格处。

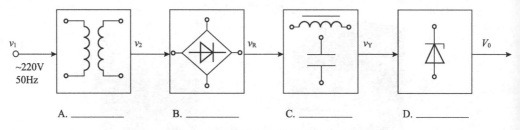

A. ＿＿＿＿＿　　　B. ＿＿＿＿＿　　　C. ＿＿＿＿＿　　　D. ＿＿＿＿＿

图 2-13　电源模块内部交流电转化成直流电

3）将图 2-14 所示几个电压波形图根据稳压过程，合理分配到图 2-13 所示稳压的四个过程中，并解释整个交流电转直流电的过程。

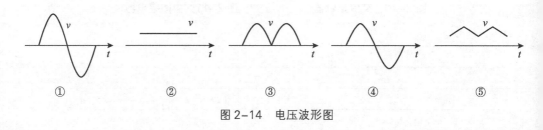

①　　　　　　　②　　　　　　　③　　　　　　　④　　　　　　　⑤

图 2-14　电压波形图

＿＿

＿＿

＿＿

＿＿

● 计划

1.在实施任务之前，小组应制订工作计划，可与表 2-1 所示的电气控制柜主回路安装工作计划表（事例样表）进行对比，讨论自己制订的工作计划表和事例样表的区别。

表 2-1　电气控制柜主回路安装工作计划表（事例样表）

序号	工作内容	工作地点	工作时间	使用的工具或设备
1	安装导轨与端子排	电气工作台	25min	一字槽螺钉旋具
2	负载隔离开关与 CEE 插座的接线并固定在电气控制柜指定地方	电气工作台	25min	一字槽螺钉旋具、十字槽螺钉旋具和内六角扳手
3	制作用于 CEE 插头连接的线缆	电气工作台	25min	一字槽螺钉旋具、十字槽螺钉旋具、电缆剥线器和压线钳
4	安装导轨需要的元器件	电气工作台	25min	一字槽螺钉旋具
5	供电主回路的接线	电气工作台	25min	一字槽螺钉旋具、斜口钳、压线钳

序号	工作内容	工作地点	工作时间	使用的工具或设备
6	接触器、断路器的接线	电气工作台	35min	一字槽螺钉旋具、斜口钳、压线钳
7	电源模块线路的连接	电气工作台	25min	一字槽螺钉旋具、斜口钳、压线钳
8	按照图样要求打印标签纸并粘贴到对应元器件位置	电气工作台	15min	打标机
9	目测检查是否存在漏接或连接不牢固的地方	电气工作台	15min	无

2. 元器件和工具选型

通过识读电气控制柜图样分析电路工作原理，结合任务描述中的"材料清单"，请将表 2-2 中的电气控制柜主回路元器件和工具清单补充完整。

扫码可看电工工具介绍视频

表 2-2　电气控制柜主回路元器件和工具清单

序号	工具或元器件名称	型号	数量	作用	单价
1	负载隔离开关	施耐德 VCF01C	1	电控柜电源开关	—
2	精密一字槽螺钉旋具	宝工 SD-081-S1	1	拆装电源模块中小螺钉固定端子	—
3					
4					
5					
6					

● 决策

小组成员之间互换电气控制柜主回路元器件和工具清单表进行讨论，相互对比各自清单表的合理性，并在培训师的指导下查漏补缺，优化完善元器件和工具清单表，将表中错误或遗漏之处记录在下方。

_____

_____

_____

_____

_____

_____

_____

学习情境一
学习情境二
学习情境三
学习情境四
知识拓展五
附　录

● **实施**

1. 根据培训师确认的电气控制柜主回路元器件和工具清单表领取主回路元器件和工具，根据附录 C 中的自动化滑仓系统电气控制柜布置图和电气控制柜主回路图，以及任务描述中的材料清单完成表 2-3 的填写。

表 2-3　电气控制柜主回路元器件、工具和图样清点表

类型	名称型号	数量	确认项	备注原因
元器件			是□　否□	
			是□　否□	
			是□　否□	
			是□　否□	
			是□　否□	
			是□　否□	
			是□　否□	
			是□　否□	
			是□　否□	
			是□　否□	
			是□　否□	
工具、耗材			是□　否□	
			是□　否□	
			是□　否□	
			是□　否□	
工具、耗材			是□　否□	
			是□　否□	
			是□　否□	
			是□　否□	
			是□　否□	
			是□　否□	
图样			是□　否□	
			是□　否□	

2. 电气控制柜主回路安装工艺

1）主回路线材选型标准（见表2-4）。

表2-4　电气回路线材颜色选型标准

使用位置	使用颜色	对应DIN标准线型	对应国家标准线型
控制回路供电24V	深蓝色	H05V–K 0.5mm²	RV 1×0.5
零线	浅蓝色	H07V–K 1.5mm²	RV 1×1.5
相线230V	红色	H07V–K 1.5mm²	RV 1×1.5
保护线（支路）	黄绿相间	H07V–K 1.5mm²	RV 1×1.5
急停开关装置线	紫色	H07V–K 1.5mm²	RV 1×1.5
主回路	黑色	H07V–K 2.5mm²	RV 1×2.5
负载隔离开关线	橙色	H07V–K 2.5mm²	RV 1×2.5
保护线（主）	黄绿相间	H07V–K 6.0mm²	RV 1×6.0

请解释H07V–K 1.5mm²（DIN VDE标准）线材型号的含义。

_____

_____

_____

_____

2）冷压端子头的压接标准。请将电气控制柜中常用冷压端子所对应的压接工具（见图2-15）的序号填入到表2-5标注的空格中。

　　a）管型压线钳　　　　　　b）多功能压线钳　　　　　c）网线压线钳

图2-15　冷压端子压接工具

表2-5　电气控制柜常见冷压端子选用和压接

冷压端子型号	压接工具	压接形状	压接要求
管型绝缘端子（双线与单线）		压痕	管形绝缘端头压痕应均匀压接　露铜导线必须伸出绝缘部分2~3mm且不能伸出金属端头

（续）

冷压端子型号	压接工具	压接形状	压接要求
叉型冷压端子（绝缘和裸露式）		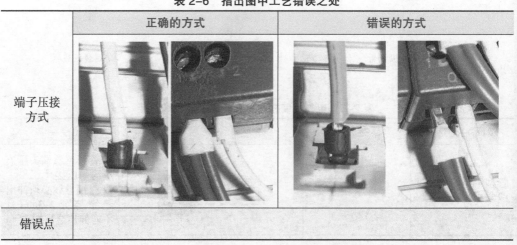 压痕 压痕	裸露式和绝缘式要保证导线露出 2~3mm 裸露式要用号码管盖住压接部分 绝缘式要保证压接位置在绝缘套的正中间
圈型冷压端子（绝缘和裸露式）		压痕 压痕	裸露式和绝缘式要保证导线露出 2~3mm 裸露式端子要用号码管盖住压接部分 绝缘式要保证压接位置在绝缘套的正中间
网线水晶头		12345678 第1脚 RJ45插头 直连线两端 的接线方式 1 2 3 4 5 6 7 8	分清楚是交叉接法还是平行接法 保证水晶头要接到位不脱落

3）主回路的线路标号、绑扎及线槽走线要求。请指出表 2-6 中图片所示工艺错误之处。

表 2-6　指出图中工艺错误之处

端子压接方式	正确的方式		错误的方式	
错误点				

（续）

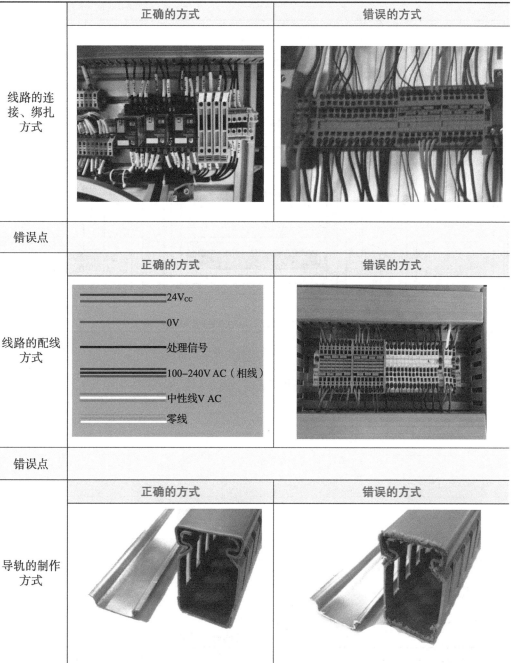

	正确的方式	错误的方式
线路的连接、绑扎方式		
错误点		
线路的配线方式	24V$_{CC}$ 0V 处理信号 100–240V AC（相线） 中性线V AC 零线	
错误点		
导轨的制作方式		
错误点		

3. 结合实际情况，按照工作计划实施安装

按照电气控制柜布置图（见图 2-16）进行安装。

扫码可看电气控制柜主回路电气元器件的选型与安装视频

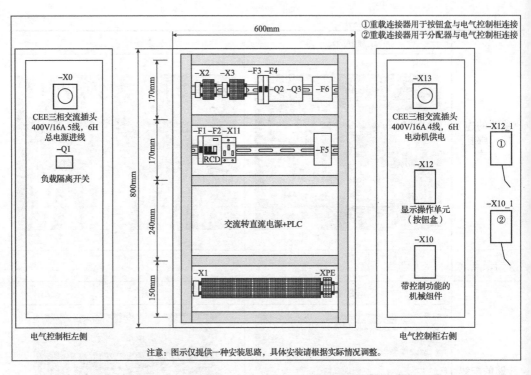

图 2-16　电气控制柜安装布置图

将安装过程中出现的问题记录在下方。

_____

_____

_____

_____

_____

_____

_____

_____

● 检查

填写电气控制柜主回路目测检查表（见表 2-7）。

表 2-7　电气控制柜主回路目测检查表

序号	目测检查点	检查结果
1	图样是否完整	是□　否□
2	是否按照电气控制柜布置图安装	是□　否□
3	是否有没完成的部分	是□　否□
4	有无明显错误	是□　否□

请将出现的问题记录在下方，可以通过团队讨论的方式制定解决方案。

_____

_____

_____

_____

_____

_____

● 总结

1. 请按照资讯→计划→决策→实施→检查的工作流程，对本次任务进行总结，并注明每一步的知识点。

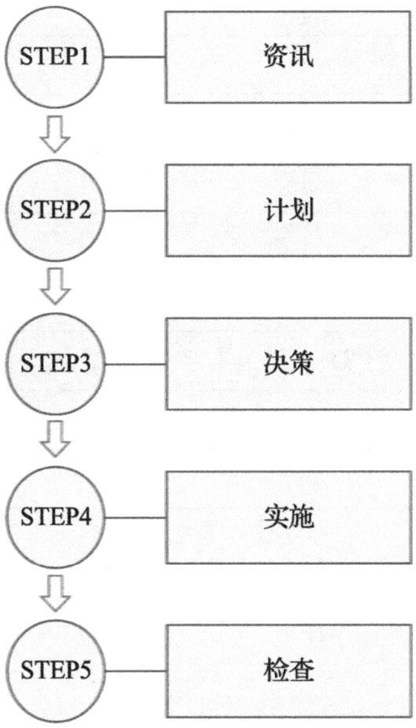

STEP1 — 资讯	知识点：_____
STEP2 — 计划	知识点：_____
STEP3 — 决策	知识点：_____
STEP4 — 实施	知识点：_____
STEP5 — 检查	知识点：_____

2. 请小组成员对本次任务实施过程进行讨论，总结不足之处。

_____

_____

_____

_____

_____

_____

3. 任务评价

表 2-8 为电气控制柜主回路安装任务评价表。

表 2-8　电气控制柜主回路安装任务评价表

任务实施者		日期			
评价项目	项目内容	自评	互评	教师评价	综合评价
资讯	资料的收集（10分）				
	资料的补充（5分）				
计划与决策	任务的理解（5分）				
	计划的制订（10分）				
	计划的决策（10分）				
实施	是否按计划实施（10分）				
	是否会正确使用检测仪表（5分）				
	是否按标准工艺完成（10分）				
	是否对工作内容理解（5分）				
检查	是否完成任务（10分）				
	有无明显错误（10分）				
总结	是否完成工作任务总结（10分）				
总评					
评价签名					
对培训师评价	优		良	差	极差

学生对老师说：

老师对学生说：

注　评分为百分制，每项评分总和为最终得分，且最终得分不得超过100分。

子任务二　安装电气控制柜控制回路

● 培训目标

1）能熟练识读电气图样。

2）能熟练识读电气符号，解释其含义。

3）能正确选取合适的元器件，并进行检测。

4）能制订工作计划，并按照工艺标准完成电气柜控制回路的安装。

5）遵守操作规范、用电安全，做好6S管理。

6）能进行有效的团队合作。

● 培训安排

该阶段的培训主要为电气控制柜控制回路的安装，以及对图样、元器件和工艺的学习。本阶段的学习时长建议控制在 16 个培训学时，约 960min。其中 2 个课时用于理论知识、工艺标准的学习和制订工作计划，剩余时间用于任务实施。

● 资讯

1. 请解释图中画圈处的符号和图形的含义

1）安全控制回路（见图 2-17）。

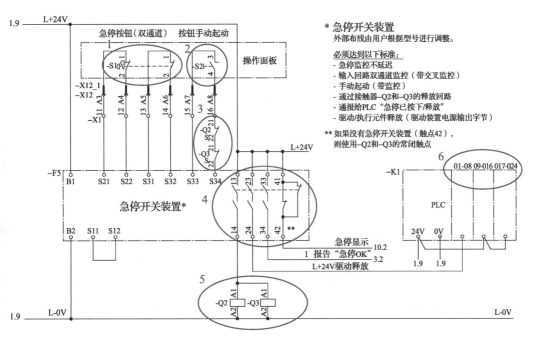

图 2-17　安全控制回路图

对照图 2-17 中标记出来的电气符号图或数字符号，请完成表 2-9 的填写。

表 2-9　填写符号和图形的含义

符号图	符号含义	注意事项

（续）

符号图	符号含义	注意事项
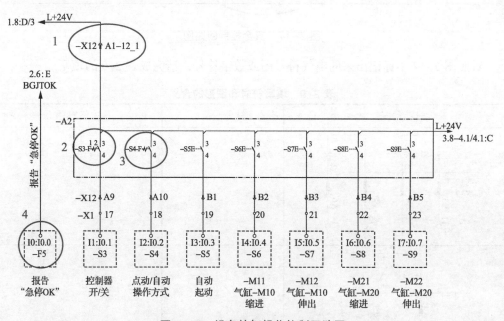		

2）显示与操作控制回路（见图 2-18）。

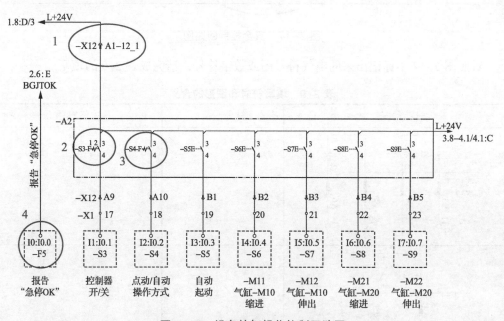

图 2-18　设备按钮操作控制回路图

对照图 2-18 中标记出来的电气符号，请完成表 2-10 的填写。

表 2-10　填写电气符号的含义

符号图	符号含义	注意事项
−X12 −X12_1　A1		
−A2 −S3-F 0 1 4 −X12_1 −X12　A9		
−S5 E 3 4 B1		
I0 −F5		

3）控制显示回路（见图 2-19）。

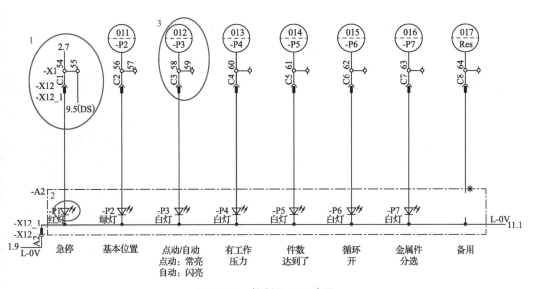

图 2-19　控制显示回路图

解释1

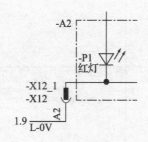

符号含义：_____

数字含义：_____

注意事项：_____

_____

解释2

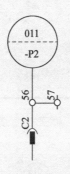

符号含义：_____

数字含义：_____

注意事项：_____

_____

解释3

011
-P2

符号含义：_____

数字含义：_____

注意事项：_____

_____

2. 安全继电器对电路的安全控制起到非常重要的作用。请收集相关资料，回答安全继电器的结构、功能以及在电气回路中的使用方法。Pilz 安全继电器如图 2-20 所示。

图 2-20　Pilz 安全继电器

扫码可看安全继电器使用和安装视频

_____

_____

_____

_____

_____

_____

_____

3.显示控制面板中使用了多个指示灯、按钮和开关，请收集相关资料完成下列填空。

1）设备中使用的指示灯、按钮和开关的零部件图如图 2-21 所示，请将下列图中所示零部件组合成完整的零件。

a）安装基座

b）发光按钮头

c）发光块

d）急停标志

e）接触块 NO

f）接触块 NC

g）单体指示灯

h）选择开关头

i）急停开关头

图 2-21　控制按钮零部件图

急停按钮：＿＿＿＿＿＿＿＿　　　　　选择按钮：＿＿＿＿＿＿＿＿

带灯按钮：＿＿＿＿＿＿＿＿　　　　　单体指示灯：＿＿＿＿＿＿＿＿

2）在双控制回路中，急停按钮选用两个常闭接触块。请举例说明在何种控制回路中，急停按钮使用的是一个常开接触块和一个常闭接触块的组合。

_____

_____

_____

_____

_____

4. 多层信号灯柱在大型机械设备中是不可缺少的元件，不同的颜色显示对现场操作人员传达相对应的操作，请收集有关资料，说明多层信号灯的类型和颜色含义，以及其使用方法和注意事项。多层信号灯柱如图 2-22 所示。

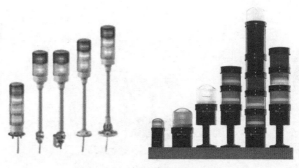

图 2-22　多层信号灯柱

_____

_____

_____

5. 控制回路的核心为 PLC，本项目中使用的是西门子 S7-300 CPU314C-2PN-DP（见图 2-23）。请资讯 PLC 300 的相关知识，并回答以下问题。

1）对于多个 PLC 来说，理解 PLC 上的标志能更好地使用它们。请分别解释 314C、2PN\DP 和 I\Q 的含义。

314C_____

_____

2PN\DP_____

_____

I\Q_____

图 2-23　西门子 S7-300 CPU
314C-2PN-DP

2）内部寄存器地址在编程的过程中非常重要。在 PLC 的内部，不同类型的寄存器分别用以存放变量状态、中间结果和数据等。通过资讯了解相关知识，完成下列问题。

①在 S7-300 PLC 中有几个不同数据类型的寄存器？说明其作用。

_____

_____

_____

_____

②以 M 寄存器为例，填写以下内容。

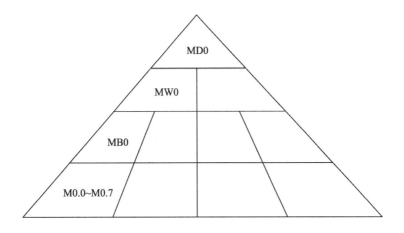

● 计划

1.请查阅附录 B，思考：完成电气控制柜控制回路的安装与调试工作需要哪些材料和工具？通过小组讨论后，在下方列出一个简要的工作计划。

_____

_____

_____

_____

2.请参照附录 B 的图样将显示控制面板 I/O 对照表 2–11 补充完整。

表 2–11　显示与操作面板 I/O 对照表

端口	序号	操作数	元件标志	功能描述
输入端	I0	I 0.0	–F5	报告"急停 OK"
	I1	I 0.1	–S3	控制器 开 / 关
输出端	O11	Q 1.2	–P2	基本位置指示灯
	O12	Q 1.3	–P3	点动 / 自动指示灯

补充:

_____

_____

_____

3. 电气控制柜控制回路安装工作计划（见表 2-12）

表 2-12　电气控制柜控制回路安装工作计划表

序号	工作内容	工作地点	工作时间	使用的工具或设备
1				
2				
3				
4				
5				
6				
7				
8				
9				

补充:

_____

_____

_____

4. 元器件和工具选型（见表 2-13）

表 2-13　电气控制柜控制回路元器件和工具清单表

序号	工具或元器件名称	型号	数量	作用	单价
1					
2					
3					
4					
5					
6					
7					
8					
9					

补充:

_____

_____

_____

_____

● 决策

1. 根据图样和实物接线情况，请小组成员相互对比所填写的 I/O 对照表，观察是否有不一致的现象，如果出现了不一致的情况，通过再次观察图样和实物接线找出正确答案，记录错接部分。

_____

_____

_____

_____

_____

2. 对电气控制柜控制回路安装工作计划表进行讨论，并在培训师的指导下查漏补缺，改进完善工作计划。请将补充或优化的内容填写在下方，并标明具体是哪一步骤或是修改了步骤中的哪一部分。

_____

_____

_____

_____

_____

3. 对材料和工具进行选型，通过集体讨论后，补充缺少的部分，更改选错的部分，并在下方标注说明。

_____

_____

_____

_____

_____

_____

● 实施

1. 领取电气控制柜控制回路安装需要使用的元器件、工具和图样，并完成清点，见表 2-14。

表 2-14　电气控制柜控制回路元器件、工具和图样清点表

类　型	名称型号	数　量	确认项	备注原因
元器件			是□　　否□	
			是□　　否□	
			是□　　否□	
			是□　　否□	
			是□　　否□	
			是□　　否□	
			是□　　否□	
			是□　　否□	
			是□　　否□	
			是□　　否□	
			是□　　否□	
			是□　　否□	
			是□　　否□	
			是□　　否□	
			是□　　否□	
工具、耗材			是□　　否□	
			是□　　否□	
			是□　　否□	
			是□　　否□	
			是□　　否□	
			是□　　否□	
			是□　　否□	
			是□　　否□	
			是□　　否□	
			是□　　否□	
			是□　　否□	
图样			是□　　否□	

补充：

2. 电气控制柜控制回路工艺

1）PLC 数字 I/O 模块接线。PLC 供电接线简化图如图 2-24 所示，实物接线图如图 2-25 所示。

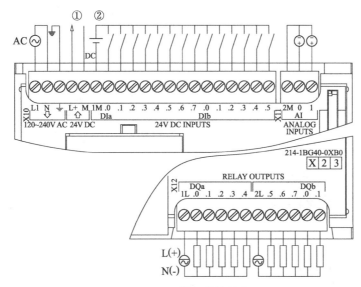

图 2-24　PLC 供电接线简化图

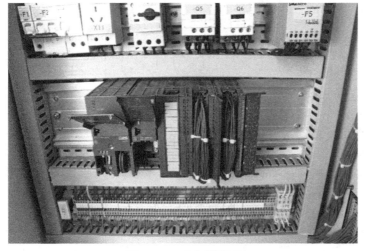

图 2-25　实物接线图

根据图 2-24 和图 2-25 所示，请解释如何给 I/O 模块供电比较合理？在什么情况下需要更改什么样的供电方式？

2）请说明制作40芯电缆连接线的方法以及电缆线与重载连接器连接的方法。重载连接器和按钮盒的连接如图2-26所示。

扫码可看制作40芯电缆连线以及电缆线与重载连接器连接视频

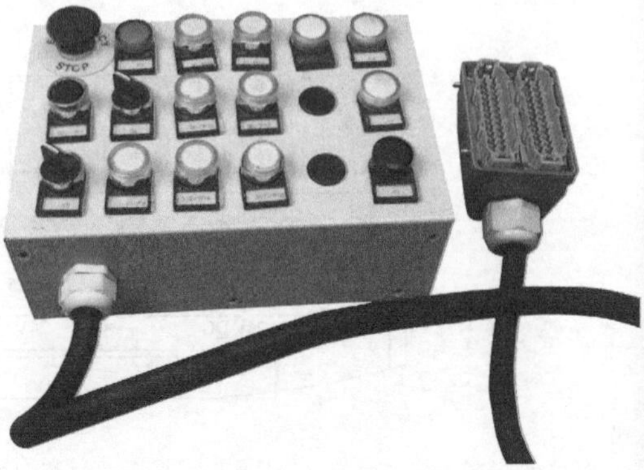

图2-26　重载连接器和按钮盒的连接

3. 按照工作计划实施安装

1）按照滑仓系统显示与控制面板布置图（见图2-27）进行安装，其安装完成的实物展示如图2-28所示。

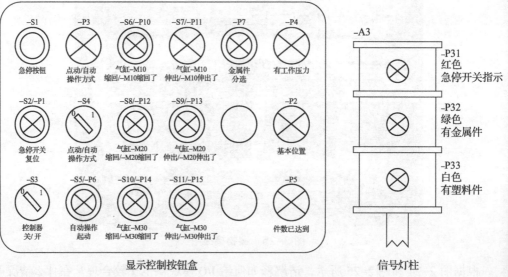

图2-27　显示与操作面板布置图

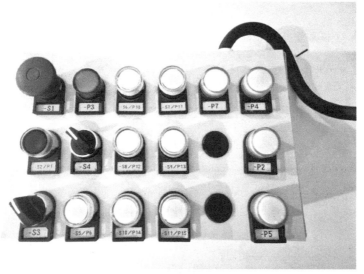

图 2-28　显示与操作面板实物展示图

2）请将安装过程中出现的问题记录在下方。

_____

_____

_____

_____

_____

● **检查**

电气控制柜控制回路目测检查见表 2-15。

表 2-15　电气控制柜控制回路目测检查

序号	目测检查点	检查结果	
1	图样是否完整	是□	否□
2	是否按总装图安装	是□	否□
3	是否有没完成部分	是□	否□
4	有无明显错误	是□	否□

请将目测检查时出现的问题填写在下方，并说明改正方法。

_____

_____

_____

_____

_____

_____

● **总结**

1. 请总结本次任务，并注明每一步的知识点。

STEP1 — 资讯　　　　知识点：＿＿＿＿＿＿＿＿＿＿＿＿

STEP2 — 计划　　　　知识点：＿＿＿＿＿＿＿＿＿＿＿＿

STEP3 — 决策　　　　知识点：＿＿＿＿＿＿＿＿＿＿＿＿

STEP4 — 实施　　　　知识点：＿＿＿＿＿＿＿＿＿＿＿＿

STEP5 — 检查　　　　知识点：＿＿＿＿＿＿＿＿＿＿＿＿

2. 完成本阶段的任务后，请将不足之处总结在下方。

＿＿＿＿＿＿＿＿＿＿＿＿＿＿＿＿＿＿＿＿＿＿＿＿＿＿＿＿＿＿

＿＿＿＿＿＿＿＿＿＿＿＿＿＿＿＿＿＿＿＿＿＿＿＿＿＿＿＿＿＿

＿＿＿＿＿＿＿＿＿＿＿＿＿＿＿＿＿＿＿＿＿＿＿＿＿＿＿＿＿＿

＿＿＿＿＿＿＿＿＿＿＿＿＿＿＿＿＿＿＿＿＿＿＿＿＿＿＿＿＿＿

＿＿＿＿＿＿＿＿＿＿＿＿＿＿＿＿＿＿＿＿＿＿＿＿＿＿＿＿＿＿

＿＿＿＿＿＿＿＿＿＿＿＿＿＿＿＿＿＿＿＿＿＿＿＿＿＿＿＿＿＿

3. 任务评价（见表2-16）

表2-16　电气控制柜控制回路安装任务评价表

任务实施者				日期		
评价项目	项目内容	自评	互评	教师评价	综合评价
资讯	资料的收集（10分）				
	资料的补充（5分）				
计划与决策	任务的理解（5分）				
	计划的制订（10分）				
	计划的决策（10分）				

任务实施者			日期		
评价项目	项目内容	自评	互评	教师评价	综合评价
实施	是否按计划实施（10分）				
	是否会正确使用检测仪表（5分）				
	是否按标准工艺完成（10分）				
	是否理解工作内容（5分）				
检查	是否完成任务（10分）				
	有无明显错误（10分）				
总结	是否完成工作任务总结（10分）				
总评					
评价签名					
对培训师评价	优		良	差	极差

学生对老师说：

老师对学生说：

注 评分为百分制，总分为100分，最终得分为每项评分总和。

学习任务二

检测电气控制柜

● 任务描述

使用仪表对安装完成的电气控制柜电路进行检测，检测主要分为两部分：供电主回路和控制回路。不带电检测，主要测量线路的导通性，以及是否出现短路现象；带电检测，主要检测元件是否正常工作，以及回路的安全性是否达到要求。根据电气安装图样，结合 DIN VDE 0100 标准规范和相关检查列表，在考虑工作人员用电安全，保障设备可靠性运行的情况下，制订出科学合理的电气控制柜检测方案，并按照制订的计划实施排查与检测。任务实施结束后，小组成员需对本次工作任务进行汇报展示。电气控制柜重点检测表见表 2-17。

表 2-17　电气控制柜重点检测表

电阻测量	1. 接地保护线的导通性 2. 对地绝缘性电阻测试 3. 对地绝缘性电阻测试（超低压保护）
电压与相位测量	1. 相线与相线之间的电压 2. 相线与零线之间的电压 3. 断路器两端的电压 4. 主回路的相位顺序

子任务一　检测电气控制柜主回路

● 培训目标

1）能制订保障安全操作的检测计划。

2）能按照标准规范的要求对电气控制柜主回路进行检测，能选择合适的电气测量仪表对绝缘电阻、电压与相位和漏电保护相关电气参数等进行测量，并记录检查结果。

3）遵守操作规范、用电安全，做好 6S 管理。

4）能进行有效的团队合作。

● 培训安排

该阶段的培训主要为电气控制柜主回路的检测，需要学会使用检测仪器、设备，以及掌握安全检测的方法。本阶段的学习时长控制在 2 个培训学时，约 120min。其中 45~60min 用于理论知识和电气检测操作规范学习，以及制订检测计划，剩余时间用于任务实施。

● 资讯

1. 收集相关资料，找出在检测主回路时需要使用到的仪表（仪表的收集方向：电路的电压、绝缘电阻和相序等）。

_____

_____

_____

_____

2. 以剩余电流断路器为例，请简要说明应选用什么检测仪器，以及它的检测步骤。

_____

_____

_____

_____

3. 在电路测量中，经常使用万用表、绝缘电阻测试仪和相序表等仪器，如图 2-29 所示。请将这三种仪器的基本使用方法填写在相应的横线上。

a）万用表

b）绝缘电阻测试仪

c）相序表

图 2-29　常用测试仪表

相序表_____

_____

_____

_____

万用表_____

_____

_____

_____

绝缘电阻测试仪_____

_____

_____

_____

_____

4. 收集有关接地的相关标准，解释在不同的系统中接地线、中性线两者的区别。接地保护的作用是什么？

_____

_____

_____

_____

● 计划

请仔细思考：电气控制柜主回路需要检测哪些内容？使用什么仪器仪表进行检测？完成其检测计划表 2-18 的填写。

表 2-18 电气控制柜主回路检测计划表

序号	检测方式	检测内容	使用设备	检测人员
1				
2				
3				
4				
5				
6				
7				
8				
9				
10				
11				
12				
13				
14				

注 检测方式分为断电测量和通电测试两种。

补充：

_____

_____

_____

● 决策

　　小组或小组成员之间对电气控制柜主回路检测计划表进行交换讨论，对比相互计划的合理性，并在培训师的指导下查漏补缺，完成最优步骤的工作计划。请将补充或优化的方案记录在下方，并标明具体是哪一步骤或是修改步骤中的哪一部分。

_____

_____

_____

_____

● 实施

　　在检测实施过程中，通电操作一定要在培训师的指导下进行。将检测结果、测量数值填写在表 2-19 中。

表 2-19　电气控制柜主回路检测核对表

序号	检测类型	检测点	是否正常	
1	不通电检测	电路图是否完成、齐备	是 ○	否 ○
2		设备（器件）是否按专业要求配备	是 ○	否 ○
3		线路是否按图样连接完全	是 ○	否 ○
4		元器件是否有损坏（外观）	是 ○	否 ○
5		导线是否有损坏（外观）	是 ○	否 ○
6		接线是否牢固且符合工艺	是 ○	否 ○
7		所有元器件和线路是否做好标志	是 ○	否 ○
8		导线是否无短路、断路处	是 ○	否 ○
9		元器件导通性是否正常	是 ○	否 ○
10		接地线的导通性是否正常	是 ○	否 ○
11	带电测试	电压检测是否正常	是 ○	否 ○
12		相序检测是否正常	是 ○	否 ○
13		绝缘电阻测试	是 ○	否 ○
14		通电后元器件是否实现功能	是 ○	否 ○
15		电源模块是否正常	是 ○	否 ○

　　将出现不正常现象的情况记录在下方，可通过小组讨论寻找解决方案，并将解决方案写在对应的位置。

扫码可看电气控制柜主回路测量视频

_____

_____

_____

电气控制柜主回路测量数据记录表见表 2-20。

表 2-20　电气控制柜主回路测量数据记录表

序号	测量项	测量点	测量值	规定值
1	接地保护线的导通性	接地线与主回路接地端子		✕
2	相线之间的绝缘电阻（230~400V）	−X2：L1 对 PE −X2：L2 对 PE −X2：L3 对 PE −X2：N 对 PE		
3	开关电源输出的绝缘电阻（DC 24V 超低压保护）	−X1：1 对 PE −X1：6 对 PE		
4	主回路中各线路的电压	−X2：L1 对 L2 −X2：L1 对 L3 −X2：L2 对 L3 −X2：L1 对 N −X2：L2 对 N −X2：L3 对 N		

（续）

序号	测量项	测量点	测量值	规定值
5	开关电源的输出电压	−X1:1~5 对 6~10		
6	漏电保护插座脱扣时间			
7	漏电保护插座脱扣电流			
8	主回路相线相序	−X3：2/4/6	是 ○	否 ○

注 表中相关操作需要在培训师的监督下进行。

补充：

_____

_____

_____

● 检查

检查所有的表格是否填写完毕，所有仪器和工具是否整理到位。测量中不理解之处，请与培训师和团队成员进行沟通，并把所获得的结论记录在下方。

_____

_____

_____

● 总结

1. 请对本次工作任务进行总结，并且注明每一步的知识点。

STEP1 — 资讯	知识点：_____
STEP2 — 计划	知识点：_____
STEP3 — 决策	知识点：_____
STEP4 — 实施	知识点：_____
STEP5 — 检查	知识点：_____

2.请总结本次任务实施过程中的不足之处。

_____

_____

_____

_____

3.任务评价（见表2-21）

表2-21 电气控制柜主回路检查任务评价表

任务实施者				日期		
评价项目	项目内容	自评	互评	教师评价	综合评价	
资讯	资料的收集（10分）					
	资料的补充（5分）					
计划与决策	任务的理解（5分）					
	计划的制订（10分）					
	计划的决策（10分）					
实施	是否按计划实施（10分）					
	是否会正确使用检测仪表（5分）					
	是否按标准工艺完成（10分）					
	是否理解工作内容（5分）					
检查	是否完成任务（10分）					
	有无明显错误（10分）					
总结	是否完成工作任务总结（10分）					
总评						
评价签名						
对培训师评价	优	良	差	极差		

学生对老师说：

老师对学生说：

注 评分为百分制，总分为100分，最终得分为每项评分总和。

子任务二　检测电气控制柜控制回路

● 培训目标

1）能制订合理且安全的检测计划。

2）能选择合适的电气测量仪表对 PLC I/O 模块供电进行检测，对直流端子排 0V 和 24V 对地绝缘性进行检测，并记录结果。

3）遵守操作规范、用电安全，做好 6S 管理。

4）能进行有效的团队合作。

● 培训安排

该阶段的培训内容主要为掌握电气控制柜控制回路的安全检测方法，会选用合适的检测仪器，掌握其使用方法。本阶段的学习时长建议控制在 1 个培训学时，约 60min。其中至少 30min 用于检测规范的学习，以及制订检测计划，剩余时间用于任务实施。

● 资讯

1.收集相关资料，请说明检测 PLC I/O 模块供电、直流端子排 0V 和 24V 对地绝缘性应选用什么仪器。

_____

_____

_____

_____

_____

_____

_____

2.请说明直流端子排 0V 和 24V 对地绝缘性的检测方法。

_____

_____

_____

_____

_____

_____

● 计划

小组需完成该控制回路的检测（见表 2-22），请根据检测步骤制订工作计划。

表 2-22　电气控制柜控制回路检测计划表

序号	检测方式	检测内容	使用设备	检测员签名
1				
2				
3				
4				
5				
6				
7				
8				
9				
10				
11				
12				
13				

注 检测方式分为断电测量和通电测试两种。

补充：

_____

_____

_____

_____

● 决策

　　小组讨论电气控制柜控制回路检测计划表，可在培训师的指导下查漏补缺，再次完善检测计划。将补充或修改的内容记录在下方，请说明具体是哪一步骤或是修改步骤中的哪一部分。

_____

_____

_____

_____

● 实施

　　在实施检测过程中，应在确保用电安全的前提下进行，凡是需要通电操作的部分，必须在培训师的指导下进行。请将检测结果、测量的数值填写在表 2-23 中。

表 2-23　电气控制柜控制回路检测核对表

序号	检测类型	检测点	是否正常	
1	不通电检测	电路图是否齐全完整	是 ○	否 ○
2		设备（器件）是否按专业要求配备	是 ○	否 ○
3		线路是否按图样连接完全	是 ○	否 ○
4		元器件是否有损坏（外观）	是 ○	否 ○
5		导线是否有损坏（外观）	是 ○	否 ○
6		接线是否牢固且符合工艺	是 ○	否 ○
7		所有元器件和线路是否做好标志	是 ○	否 ○
8		测量导线是否短路、断路	是 ○	否 ○
9		元器件导通性是否正常	是 ○	否 ○
10		接地线的导通性是否正常	是 ○	否 ○
11	带电测试	控制回路电压检测是否正常	是 ○	否 ○
12		绝缘电阻测试是否正常	是 ○	否 ○
13		通电后元器件是否实现功能	是 ○	否 ○
14		显示控制面板收发信号是否正常	是 ○	否 ○
15		操作是否受指定 I/O 控制	是 ○	否 ○

将表 2-23 中出现的不正常现象填写在下方。如果您知道解决方案，请将解决方案写在对应的位置。

扫码可看电气控制柜控制回路测量视频

电气控制柜控制回路测量数据记录表见表 2-24。

表 2-24　电气控制柜控制回路测量数据记录表

序号	测量项	测量点	测量值	规定值
1	接地保护线的导通性	设备接地点与接地保护线		✕
2	PLC 的 I/O 扩展模块是否供电正常	L+ 与 M		
3	24V 控制电压（断路器 –F3 "开"）	–T1		
4	24V 控制电压（断路器 –F4 "开"）	–X1		
5	急停开关功能	–S1、–S2	是 ○　　否 ○	

注 表中相关操作需要在培训师的监督下进行。

补充：

_____

_____

_____

_____

● **检查**

    检查所有的表格是否填写完毕，所有仪器是否整理到位。将检测过程中出现的问题与培训师进行沟通，并把所获得的结论记录在下方。

_____

_____

_____

_____

_____

● **总结**

    1.请总结本次任务，并注明每一步的知识点。

STEP1	资讯	知识点： _____
STEP2	计划	知识点： _____
STEP3	决策	知识点： _____
STEP4	实施	知识点： _____
STEP5	检查	知识点： _____

    2.请总结本次任务实施过程中的不足之处。

_____

_____

_____

_____

3. 任务评价（见表 2–25）

表 2–25　电气控制柜控制回路检测任务评价表

任务实施者				日期		
评价项目	项目内容	自评	互评	教师评价	综合评价
资讯	资料的收集（10分）				
	资料的补充（5分）				
计划与决策	任务 的理解（5分）				
	计划的制订（10分）				
	计划的决策（10分）				
实施	是否按计划实施（10分）				
	是否会正确使用检测仪表（5分）				
	是否按标准工艺完成（10分）				
	是否理解工作内容（5分）				
检查	是否完成任务（10分）				
	有无明显错误（10分）				
总结	是否完成工作任务总结（10分）				
总评					
评价签名					
对培训师评价	优		良		差	极差

学生对老师说：

老师对学生说：

注 评分为百分制，总分为 100 分，最终得分为每项评分总和。

【学习提示】

电气控制柜安装与检测工作流程如图 2-30 所示。

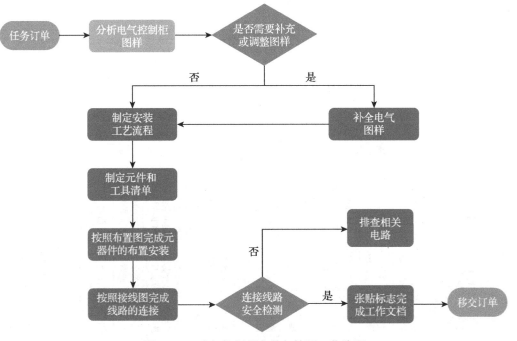

图 2-30　电气控制柜安装与检测工作流程

电气控制柜安装与检测知识卡片如图 2-31 所示。

电气控制柜安装与检测

学习要点
- 了解常用低压电器元件的功能、结构、符号
- 熟悉各元器件的工作原理
- 掌握各元器件的安装方式和检测方法
- 熟悉起重用电气测量仪表的功能及使用方法

操作注意事项
- ▲ 安装前后保证元器件完整无损
- ▲ 通电之前，保证元器件可以正常动作
- ▲ 保证各元器件构成的回路中导线没有断路或短路
- ▲ 设备中所有的安全接地必须连接牢固

安装和检测过程中出现无法解决的问题时一定要向培训师反馈

电器控制柜 → 控制回路元器件 / 主回路元器件

知识要点

主回路元件：CEE插头和插座、接触器、断路器和剩余电流断路器、端子排和短接件、电动机保护器、电源模块

控制回路元器件

CEE插头和插座

描述：ECC标准工业插头插座是防爆插座，温度限制在32℃以下。CEE为敷设方式单独明敷设；E表式单独明敷设

功能：在电气控制柜中，CEE插头和插座起到给电源的连接作用

使用：在工业场景中，常用于给大型设备供电的电路中

端子排和短接件

描述：端子排的作用就是将屏内设备和屏外设备的电路相连接、起到信号（电流电压）传输的作用

功能：端子排的作用是负责导线的转接，同时用到简单接件连接在不同的端子

使用：在电路比较复杂的情况下，使用端子排进行转接和扩展接线点位

断路器和剩余电流断路器

描述：断路器在回路中负责电流的通断。剩余电流断路器主要用来在设备发生漏电故障时以及有致命危险的人身触电时，具有过载和短路保护功能

功能：一般剩余电流断路器配一个1P断路器配合安装。在剩余电流断路器动作时，带动1P断路器切断相线供电

使用：一般剩余电流断路器使用在室电进线处，或者是单独供电的插座旁

接触器

描述：接触器分为交流接触器（电压AC）和直流接触器（电压DC），应用于电力、配电与控制电路场合

功能：在供电回路中，接触器可以快速高频地控制回路的通断

使用：接触器多使用在有电动机、电力、配电的回路中

电动机保护器

描述：电动机保护器的作用是给电动机全面的保护控制，在电动机出现过电流、欠相、断相、堵转、短路、过电压、欠电压、漏电、三相不平衡、过热、接地、轴承、磨损、定转子偏心、绕组老化时予以报警或保护控制

功能：在电动机供电回路中对电动机进行保护

使用：在电动机回路中使用，回路中还可以配合熔断器

电源模块

描述：开关电源在设计中具有过电流、过热、短路等保护功能

功能：电源模块有很多种类，在设备中使用比较多的是AC-GA开关电源，用来提供直流

使用：用于需要交转直的电路中或是在需要电源供电回路中

👍 根据知识卡片收集更多的信息完成任务学习

图 电气控制柜安装与检测知识点

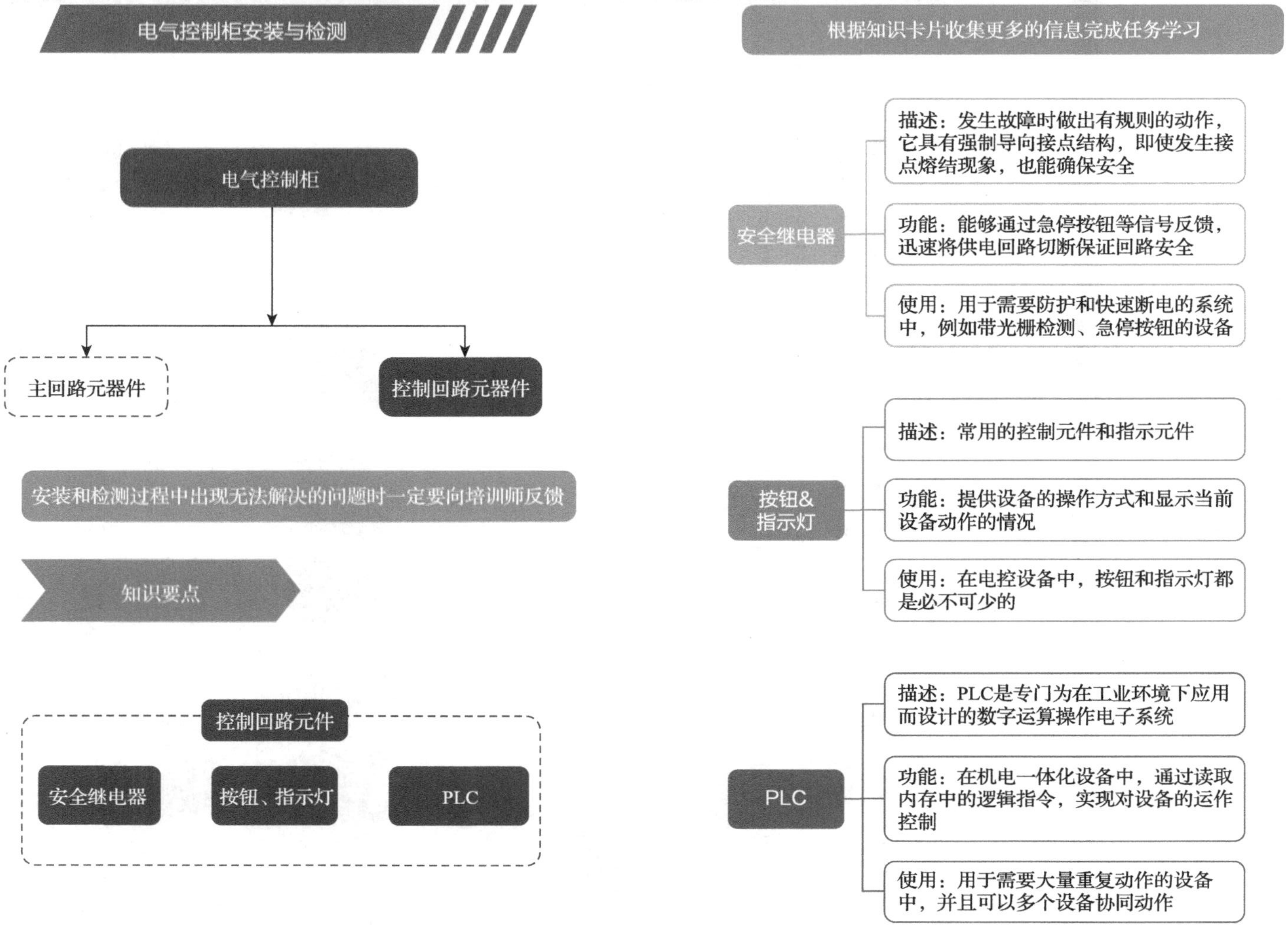

电气控制柜安装与检测

根据知识卡片收集更多的信息完成任务学习

安全继电器

描述：发生故障时做出有规则的动作，它具有强制导向接点结构，即使发生接点熔结现象，也能确保安全

功能：能够通过急停按钮等信号反馈，迅速将供电回路切断保证安全

使用：用于需要防护和快速断电的系统中，例如带光栅检测、急停按钮的设备

按钮&指示灯

描述：常用的控制元件和指示元件

功能：提供设备的操作方式和显示当前设备动作的情况

使用：在电控设备中，按钮和指示灯都是必不可少的

PLC

描述：PLC是专门为在工业环境下应用而设计的数字运算操作电子系统

功能：在机电一体化设备中，通过读取内存中的逻辑指令，实现对设备的运作控制

使用：用于需要大量重复动作的设备中，并且可以多个设备协同动作

电气控制柜 → 主回路元器件、控制回路元器件

知识要点

安装和检测过程中出现无法解决的问题时一定要向培训师反馈

控制回路元件：安全继电器、按钮、指示灯、PLC

图2-31　电气控制柜安装与检测知识卡片（续）

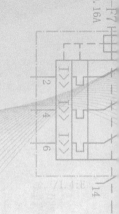

学习情境三

安装与调试自动化滑仓系统的电气－气动控制回路

● 情境引入

　　你和小王在完成电气控制柜的安装与检测工作后，拿到了机械加工部（Machining Department）制造完成的机械系统组件。新的工作任务需要你们将机械组合件、气动元件和传感器按照图样和工艺规范的要求完成气动控制回路、电气控制回路的安装，并且与机械组合件进行电气联调。让我们一起来学习相关的装调技术和工艺标准吧！ 自动化滑仓装置实物图如图 3-1 所示。

图 3-1　自动化滑仓装置实物图

学习任务一
安装与调试传感器控制回路

● 任务描述

　　根据附录 B 自动化滑仓系统图样提供的传感器控制回路，进行传感器控制回路的安装和调试，完成相应的指令动作。结合 DIN VDE 标准规范和相关安装工艺，在考虑材料和人力成本以及环保要求的情况下，通过收集资料制订科学合理的传感器控制回路安装与调试计划，并按照制订的工作计划进行任务的实施，对照检查表完成传感器控制回路的目测检查和功能调试。在完成所有任务后，小组成员在培训师的指导下进行工作总结和评价。自动化滑仓系统的电气–气动控制回路实物图如图 3-2 所示。

图 3-2　自动化滑仓系统的电气–气动控制回路实物图

子任务一　安装传感器及其回路

● 培训目标

　　1）能读懂布置安装图、系统总装图和电气原理图。

　　2）能熟练识读传感器符号；理解传感器的工作原理和作用；能选择合适的传感器，并按照规范要求进行安装与接线。

　　3）能制订工作计划，并按照制订的工作流程和安装工艺标准完成传感器控制回路的安装。

　　4）遵守操作规范、用电安全，做好 6S 管理。

　　5）能进行有效的团队合作。

● 培训安排

　　该阶段的培训内容主要为自动化滑仓系统中传感器控制回路的安装，工作中需要识读控制回路布置图、电气接线图，能绘制传感器符号，理解传感器的工作原理和使用方法。本阶段的学习时长建议控制在 6~8 个培训学时，300~480min。其中至少 75min 用于理论知识和安装工艺标准的学习，以及制订工作计划，剩余时间用于任务实施。

● 资讯

　　1. 试解释图 3-3 中画圈处符号和图形的含义，填写到表 3-1 中。

表 3-1　传感器控制回路原理图中符号的含义

符号图	符号含义	注意事项
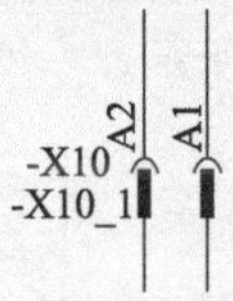		
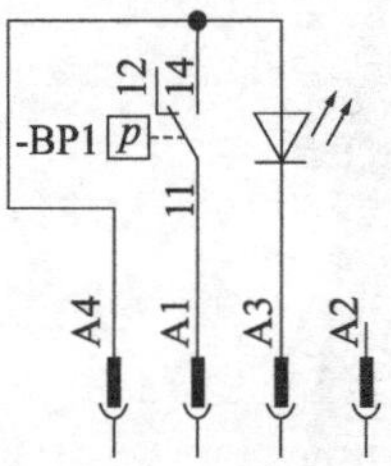		
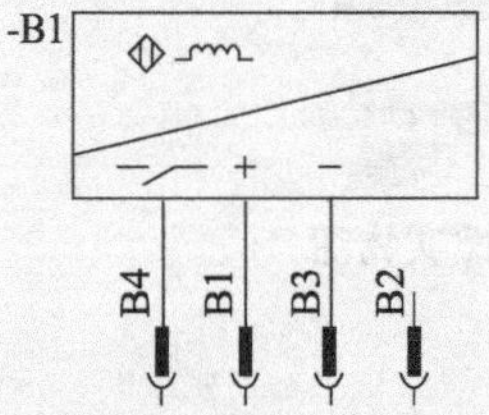		
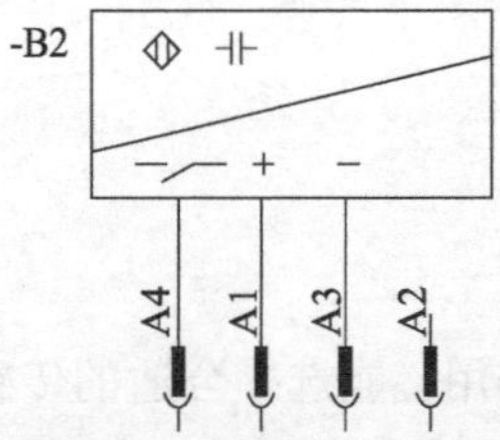		
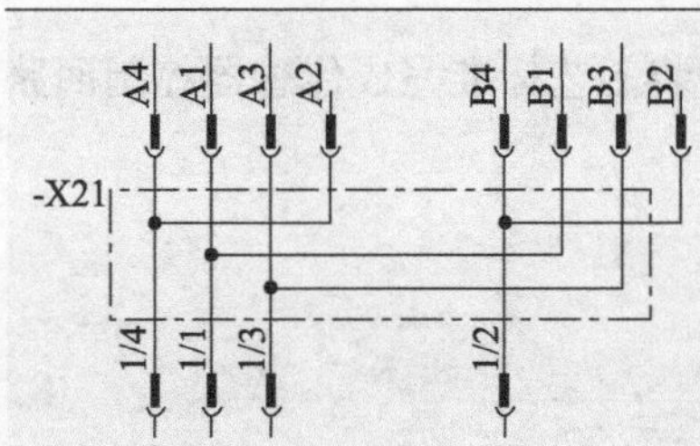		

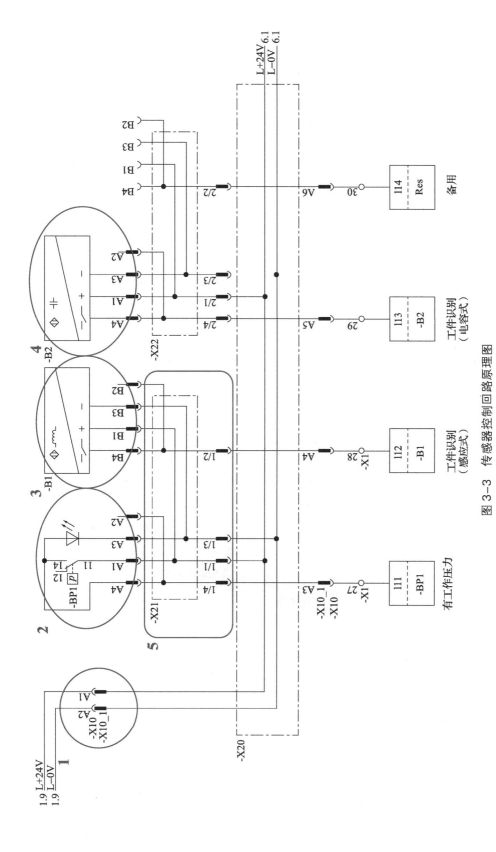

图 3-3　传感器控制回路原理图

2. 为实现对执行元件及其执行动作的准确监控，在机电一体化系统中使用了各种传感器对信号进行检测，请简要描述图 3-4 所示几种常用传感器的原理和作用。

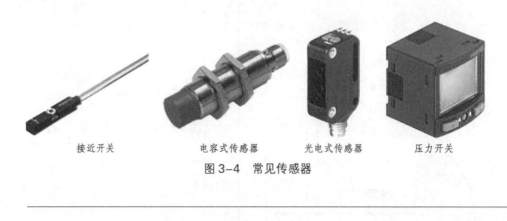

接近开关　　　　　　电容式传感器　　　　光电式传感器　　　　压力开关

图 3-4　常见传感器

_____

_____

_____

_____

_____

_____

3. 传感器分配器在机电一体化系统中起到工业信号的变送、转换、隔离和传输等作用，接下来对传感器分配器的知识进行收集整理。

1）收集有关 M12 传感器分配器（见图 3-5）的相关资料，备注在下方。

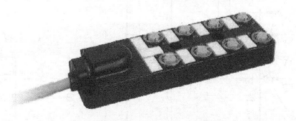

图 3-5　M12 传感器分配器

_____

_____

_____

_____

_____

_____

_____

2）请根据收集到的资料翻译和补齐图 3-6 所示的简化图。

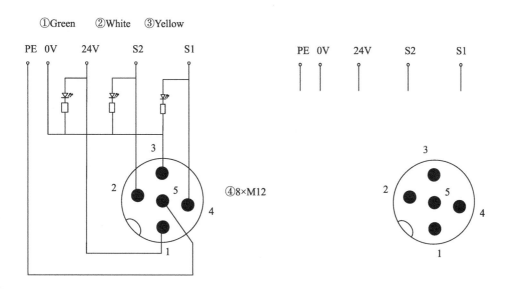

①Green　　②White　　③Yellow

⑤For 2 signal per port PNP

图 3-6　PNP 型（左）和 NPN 型（右）传感器的接线

A．翻译并解释序号①～⑤的接线要求；B.请补全右边 NPN 型传感器电路图。

_____

_____

_____

_____

4.重载连接器（见图 3-7）在工业应用中起到了连接内外电路的作用，收集相关资料，解释重载连接器如何选型以及使用方法。

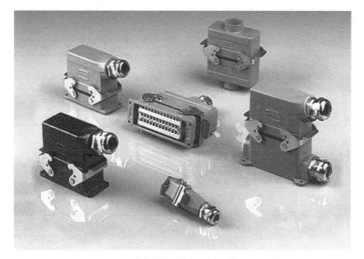

图 3-7　重载连接器

● 计划

1. 以小组讨论形式识读分析图样后，请思考：如何完成传感器控制回路的安装？工作实施过程中需要哪些材料和工具？

2. 根据图 3-8、图 3-9 中标注的符号，完成传感器 I/O 对照表（见表 3-2）的填写，可从附录 B 中查阅原图。

表 3-2　传感器 I/O 对照表

端口	序号	操作数	元件标志	功能描述
输入端				

补充：

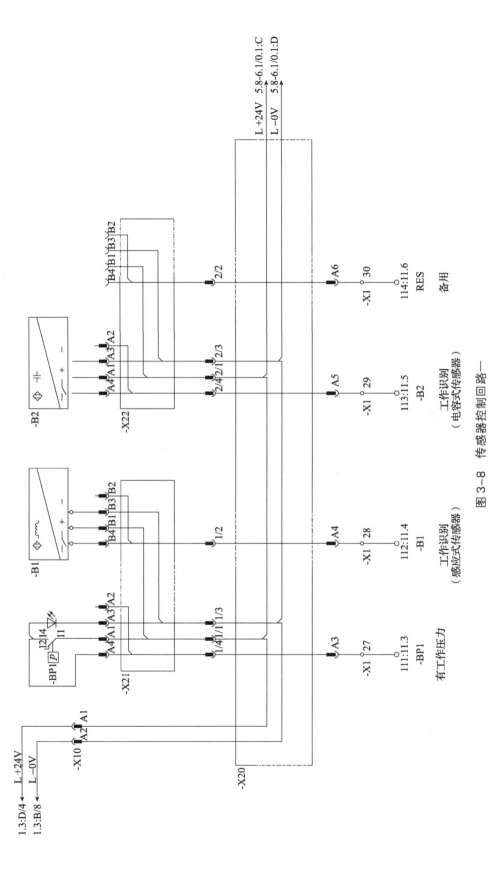

图 3-8 传感器控制回路一

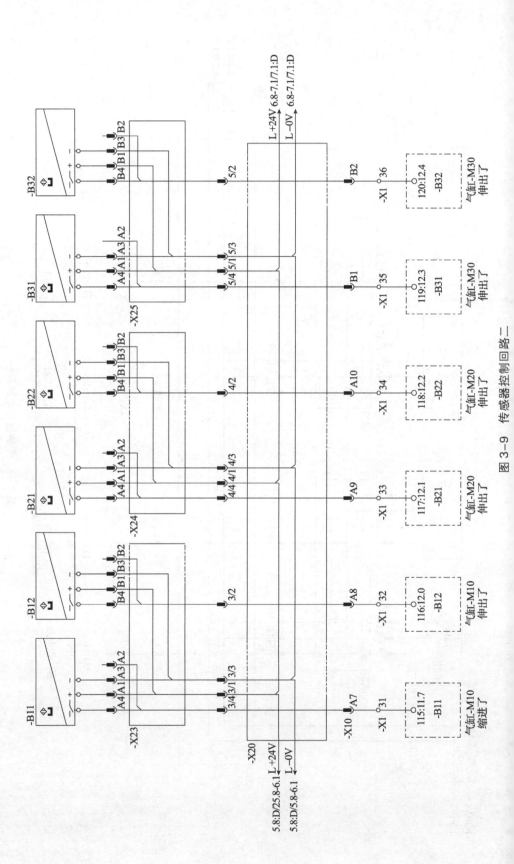

图 3-9 传感器控制回路二

3. 传感器控制回路安装工作计划（见表3-3）。

表 3-3　传感器控制回路安装工作计划表

序号	工作内容	工作地点	工作时间	使用的工具或设备
1				
2				
3				
4				
5				
6				
7				

补充：

_____

_____

4. 传感器控制回路元器件和工具的选型（见表3-4）。

表 3-4　传感器控制回路元器件和工具清单表

序号	工具或元器件名称	型号	数量	作用	单价
1					
2					
3					
4					
5					
6					
7					

补充：

_____

_____

_____

● 决策

1. 通过观察图样和实物接线情况，小组成员相互对比所填写的传感器 I/O 对照表，检查是否有不一致的地方，并在下方做好记录，然后请再次观察图样和实物接线，修改 I/O 对照表。

_____

_____

2. 请小组讨论传感器控制回路安装工作计划表，并在培训师的指导下查漏补缺，再次完善该计划表。将补充或修改的内容记录在下方，请说明具体是哪一步骤或是修改步骤中的哪一部分。

_____

_____

_____

3. 补充完善传感器控制回路元器件和工具清单表，请将缺少的部分或分类错误的部分记录在下方。

_____

_____

_____

● 实施

1. 领取传感器控制回路使用的元器件、工具和图样，并完成清点，写入表 3-5 中。

表 3-5　传感器控制回路元器件、工具和图样清点表

类型	名称型号	数量	确认项	备注原因
元器件			是□　否□	
			是□　否□	
			是□　否□	
			是□　否□	
			是□　否□	
			是□　否□	
			是□　否□	
			是□　否□	
工具、耗材			是□　否□	
			是□　否□	
			是□　否□	
			是□　否□	
			是□　否□	
图样			是□　否□	

补充：

_____

_____

2．传感器控制回路的安装。

1）按照传感器分配器布置图（见图 3-10）进行安装。传感器分配器实物展示图如图 3-11 所示。

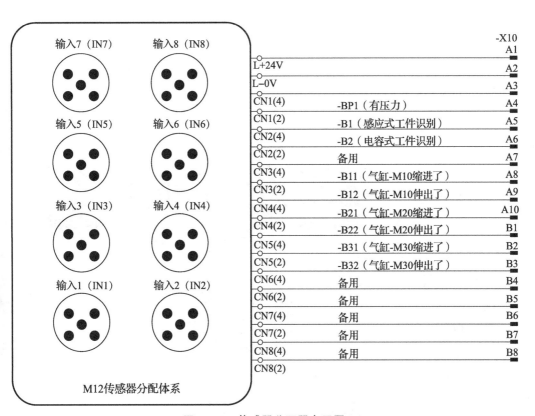

输入7（IN7）	输入8（IN8）		-X10
			A1
		L+24V	A2
		L-0V	A3
		CN1(4)　　-BP1（有压力）	A4
		CN1(2)　　-B1（感应式工件识别）	A5
输入5（IN5）	输入6（IN6）	CN2(4)　　-B2（电容式工件识别）	A6
		CN2(2)　　备用	A7
		CN3(4)　　-B11（气缸-M10缩进了）	A8
		CN3(2)　　-B12（气缸-M10伸出了）	A9
输入3（IN3）	输入4（IN4）	CN4(4)　　-B21（气缸-M20缩进了）	A10
		CN4(2)　　-B22（气缸-M20伸出了）	B1
		CN5(4)　　-B31（气缸-M30缩进了）	B2
		CN5(2)　　-B32（气缸-M30伸出了）	B3
输入1（IN1）	输入2（IN2）	CN6(4)　　备用	B4
		CN6(2)　　备用	B5
		CN7(4)　　备用	B6
		CN7(2)　　备用	B7
M12传感器分配体系		CN8(4)　　备用	B8
		CN8(2)	

图 3-10　传感器分配器布置图

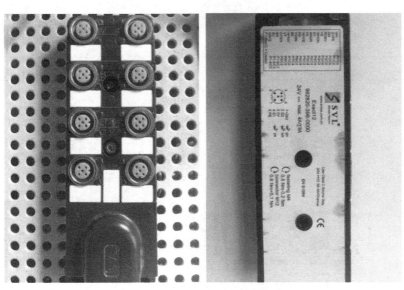

图 3-11　传感器分配器实物展示图

2）传感器连接器的安装（见表3-6）。

表3-6　M12传感器连接器

展示图	类型	接线方式
4针式图（45°）	4针式	1号接口对应棕色线 2号接口对应白色线 3号接口对应蓝色线 4号接口对应棕色线
实物外形图	实物外形	
5针式图（45°）	5针式	1号接口对应棕色线 2号接口对应白色线 3号接口对应蓝色线 4号接口对应黑色线 5号接口对应黄绿色线
实物外形图	实物外形	
外形结构展示与部分参数		

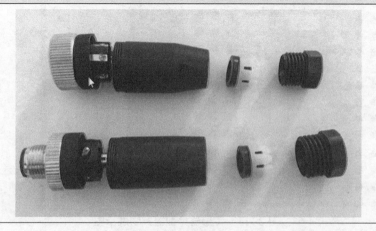

（续）

针数	4	5	6
锁紧方式	螺纹 M12×1		
电缆直径	4~7mm，7~9mm		
外壳保护等级	IP67		
额定电压 /V	250	60	30
测试冲击电压 /V	2500	1500	800
污染等级	3		
过电压保护等级	II		
额定电流（40℃）/A	4A		2A
过渡电阻 /Ω	≤ 3		

3）传感器的接线工艺。请在表 3-7 中错误点描述栏内注明实施传感器接线安装工艺示例中的问题。

表 3-7　传感器接线安装工艺示例中的问题

	正确的方式	错误的方式
传感器制作方式		
错误点		
	正确的方式	错误的方式
传感器线材压接方式		
错误点		

机电一体化子系统安装与调试

传感器线路线槽走线方式	正确的方式	错误的方式
	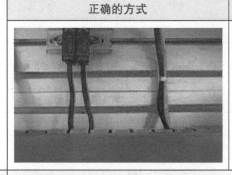	
错误点		

传感器的绑扎方式	正确的方式	错误的方式

错误点		

● 检查（见表3-8）

表3-8　传感器控制回路目测检查

序号	目测检查点	检查结果
1	图样是否完整	是□　否□
2	是否按总装图安装	是□　否□
3	是否有没完成部分	是□　否□
4	有无明显错误	是□　否□

注 将出现的问题填写在下面，并请写出改正方法。

● **总结**

1.请按照资讯→计划→决策→实施→检查的工作流程，对本次任务进行总结，并且注明每一步的知识点。

STEP1 — 资讯　　　知识点：_____
　　　　　　　　　　　　　_____

STEP2 — 计划　　　知识点：_____
　　　　　　　　　　　　　_____

STEP3 — 决策　　　知识点：_____
　　　　　　　　　　　　　_____

STEP4 — 实施　　　知识点：_____
　　　　　　　　　　　　　_____

STEP5 — 检查　　　知识点：_____
　　　　　　　　　　　　　_____

2.结束任务后，请将工作中的不足之处记录在下方。

_____

_____

_____

_____

_____

_____

3.任务评价（见表3-9）。

表3-9　传感器控制回路安装任务评价表

小组成员			日期		
评价项目	项目内容	自评	互评	教师评价	综合评价
资讯	资料的收集（10分）				
	资料的补充（5分）				
计划与决策	任务的理解（5分）				
	计划的制订（10分）				
	计划的决策（10分）				

（续）

小组成员				日期		
评价项目	项目内容	自评	互评	教师评价	综合评价
实施	是否按计划实施（10分）				
	是否会正确使用检测仪表（5分）				
	是否按标准工艺完成（10分）				
	是否理解工作内容（5分）				
检查	是否完成任务（10分）				
	有无明显错误（10分）				
总结	是否完成工作任务总结（10分）				
总评					
评价签名					
对培训师评价	优		良		差	极差

学生对老师说：

老师对学生说：

注 评分为百分制，总分为100分，最终得分为每项评分总和。

子任务二　调试传感器及其回路

● 培训目标

1）能制订安全合理的调试计划。

2）能按照工艺标准对传感器安装及接线部分进行检查，并记录检测结果。

3）遵守操作规范、用电安全，做好6S管理。

4）能进行有效的团队合作。

● 培训安排

该阶段的主要培训内容是对传感器及其控制回路连接部分进行检测和调试。本阶段的学习时长建议控制在 2 个培训学时，约 120min。其中至少 30min 用于学习传感器及其连接线路的检测方法，以及制订调试计划，剩余时间用于任务实施。

● 资讯

1. 通过收集资料，观察传感器正常工作时的现象，进行简要描述，并记录在下方（可从传感器的外观、指示灯或配合的元器件等来描述）。

---

2. 感应式传感器在不同工作场合采用不同的结构（见图 3-12），即使在相同的场合采用同类型不同结构的传感器，也会对检测结果造成一定影响。请分析图 3-12 所示传感器的使用方法及注意事项。

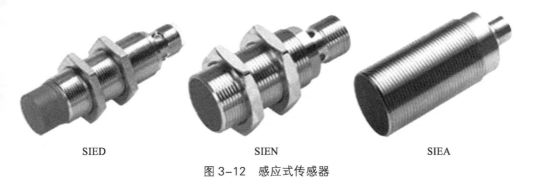

SIED   SIEN   SIEA

图 3-12　感应式传感器

---

3. 举例说明快速转接头常见的故障，请说明排除此故障的解决方案。

● 计划

1. 完成资料的收集后，请小组讨论并制订传感器控制回路的调试计划，说明需要检测的项目。

---

2. 传感器控制回路检测计划（见表 3-10）。

表 3-10 传感器控制回路检测计划表

序号	检测方式	检测内容	使用设备	检测员签名
1				
2				
3				
4				
5				
6				

注 检测方式分为断电测量和通电测试两种。

补充：

_____

_____

_____

_____

_____

● 决策

小组成员互相对比制定的传感器控制回路检测计划表，然后在培训师的指导下进行查漏补缺，再次完善检测计划。将补充或修改的内容记录在下方，请说明具体是哪一步骤或是修改步骤中的哪一部分。

_____

_____

_____

_____

_____

_____

● 实施

在实施检测过程中，应在确保用电安全的前提下进行，凡是需要通电操作的部分，必须在培训师的指导下进行，请在表 3-11 中填写检测结果。

扫码可看传感器控制回路检测视频

表 3-11　传感器控制回路检测核对表

序号	检测类型	检测点	是否正常	
1	不通电检测	电路图是否完成、齐备	是 ○	否 ○
2		设备（元器件）是否按专业要求配备	是 ○	否 ○
3		线路是否按图样连接完全	是 ○	否 ○
4		元器件是否有损坏（外观）	是 ○	否 ○
5		导线是否有损坏（外观）	是 ○	否 ○
6		传感器是否与组合件干涉（信号）	是 ○	否 ○
7		所有元器件和线路是否做好标志	是 ○	否 ○
8		接地线的导通性是否良好	是 ○	否 ○
9	带电测试	接近开关指示灯是否正常	是 ○	否 ○
10		电感传感器指示灯是否正常	是 ○	否 ○
11		电容传感器指示灯是否正常	是 ○	否 ○
12		光电式传感器指示灯是否正常	是 ○	否 ○
13		PLC 是否按要求接收传感器信号	是 ○	否 ○

将传感器控制回路检测核对表中不合格的现象记录在下方，经过小组讨论后补充解决方案。

_____

_____

_____

_____

● 检查

检查所有的表格是否填写完毕，所有仪器是否整理到位。将检测过程中出现的问题与培训师进行沟通，并把所获得的结论记录在下方。

_____

_____

_____

_____

● 总结

1.请总结本次任务实施过程中的不足之处。

_____

_____

_____

_____

2. 任务评价（见表 3-12）。

表 3-12　传感器控制回路检查任务评价表

小组成员				日期	
评价项目	项目内容	自评	互评	教师评价	综合评价
资讯	资料的收集（10分）				
	资料的补充（5分）				
计划与决策	任务的理解（5分）				
	计划的制订（10分）				
	计划的决策（10分）				
实施	是否按计划实施（10分）				
	是否会正确使用检测仪表（5分）				
	是否按标准工艺完成（10分）				
	是否理解工作内容（5分）				
检查	是否完成任务（10分）				
	有无明显错误（10分）				
总结	是否完成工作任务总结（10分）				
总评					
评价签名					
对培训师评价	优	良		差	极差

学生对老师说：

老师对学生说：

注　评分为百分制，总分为100分，最终得分为每项评分总和。

学习任务二
安装与调试气动控制回路

● 任务描述

你和小王完成传感器及其电路的安装与调试后，需对该滑仓系统的气动控制回路进行安装与调试。你们需根据附录 B 自动化滑仓系统图样中的电气 – 气动安装布置图、气动控制回路图，结合该设备的相关标准规范和安装工艺，在考虑材料、人力成本和环保的情况下，通过收集资料，了解气动元件的功能和工作原理，能分析自动化滑仓系统的结构和功能，制订科学合理的气动控制回路安装与调试计划，按照制订的工作计划进行任务的实施，且在结束任务后进行总结和评价。该任务的气动控制回路布置实物展示如图 3–13 所示。

图 3–13　气动控制回路布置实物展示

子任务一　安装气动控制回路

● 培训目标

1）能识读、绘制和分析气动控制原理图。

2）能选取合适的气动执行元件和气动控制元件，并按照工艺标准进行安装连接。

3）能制订工作计划，并按照制订的工作流程和安装工艺标准完成气动控制回路的安装。

4）遵守操作规范、用电安全，做好 6S 管理。

5）能进行有效的团队合作。

● 培训安排

该阶段的主要培训内容为自动化滑仓系统中气动控制回路部分的安装，工作中需要识读气动控制回路图，理解电磁阀等气动元件工作原理和使用方法。本阶段的学习时长建议控制在 6 个学时，约 300min。其中至少 2 个课时（90min）用于理论知识和工艺标准的学习，以及制订气动控制回路安装计划，剩余时间用于任务实施。

● 资讯

1. 试解释图 3-14 所示画圈处的符号和图形分别表示的意思，填写到表 3-13 中。

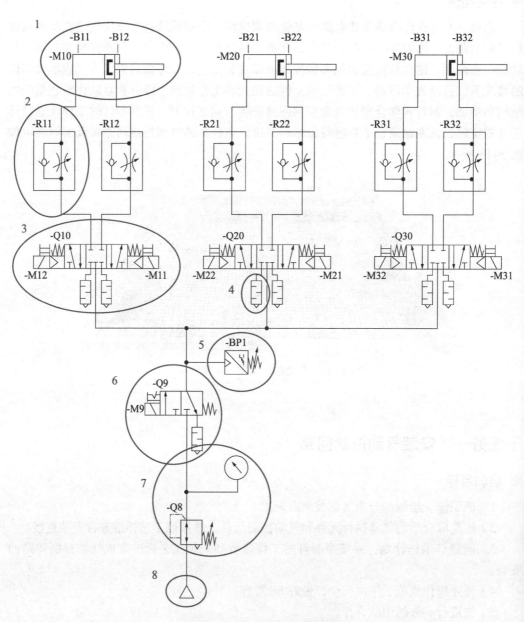

图 3-14　气动控制回路原理图

表 3–13　气动图形符号及含义

气动图形符号	含义解释
-M10　-B11　-B12	
-R11	
-Q10　-M12　-M11	
-BP1	
-Q9　-M9	
-Q8	

2.压缩空气调节阀又称为减压阀（见图3-15），一般应用于气动控制回路的主回路中，起到调节气路气压的作用。请通过查找资料收集相关信息，将减压阀的使用方法与安装要点写在下方。

_____

_____

_____

图 3-15　减压阀

3.扼流止回阀又称为单向节流阀（见图3-16），其功能和减压阀类似，但一般单向节流阀通常使用在控制回路中。请通过查找资料收集相关信息，将单向节流阀的使用方法与安装要点写在下方。

_____

_____

_____

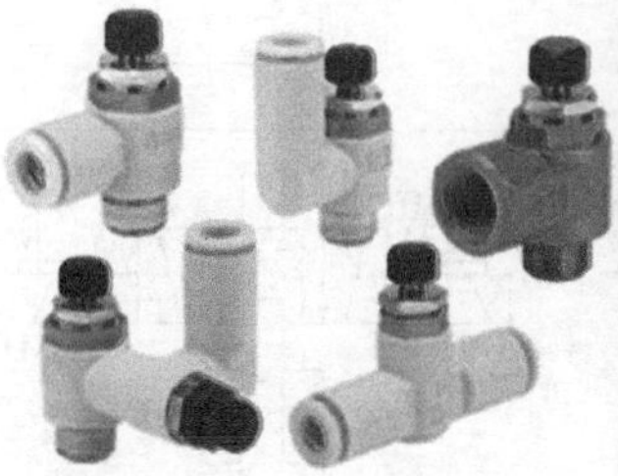

图 3-16　单向节流阀

4.气缸（见图3-17）在机电一体化设备中是一种常用的执行元件，且种类较多。请收集有关气缸的资料，请列举几种常用气缸的工作方式以及适用的场合。

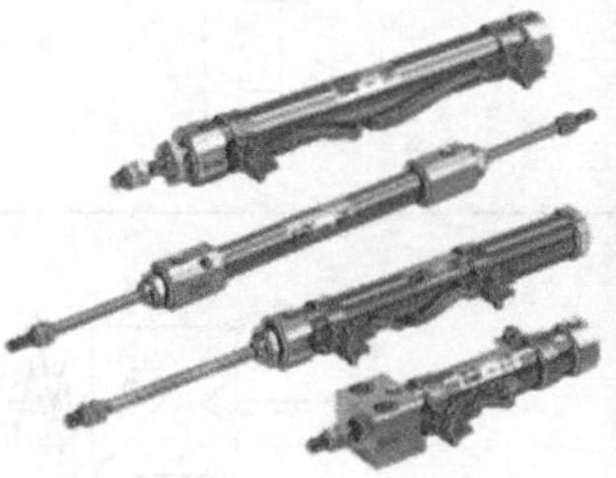

_____

_____

_____

图 3-17　气缸

5.项目中使用到的电磁阀作为执行元件控制着气流的方向，控制气缸的伸缩。请收集相关信息回答以下问题。

1）电磁阀按工作原理可分为三大类：

①直动式电磁阀。

工作方式_____

_____

_____

结构优点_____

_____

_____

②分步直动式电磁阀。

工作方式_____

_____

_____

结构优点_____

_____

_____

③先导式电磁阀。

工作方式_____

_____

_____

结构优点_____

_____

_____

2）电磁阀根据功能和需要，需要使用到多通、多位。请解释图3-18~图3-20所示的二位五通阀和三位五通阀，并根据数据整理总结其相同点和不同点。

①二位五通单电控电磁阀（见图3-18）。

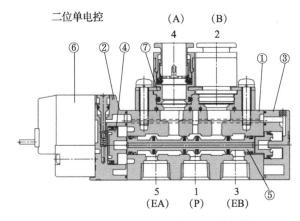

图3-18　二位五通单电控电磁阀

②二位五通双电控电磁阀（见图3-19）。

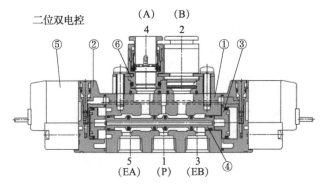

图3-19　二位五通双电控电磁阀

③ 三位五通双电控电磁阀（见图3-20）。

三位中封式/中泄式/中压式

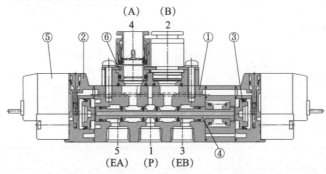

图 3-20　三位五通双电控电磁阀（本图为中封式）

a. 请解释图 3-18~ 图 3-20 中数字①～⑥和1~5分别表示的含义。

_____

_____

_____

_____

_____

b. 请画出上述三个电磁阀的职能符号，并说出它们的异同点。

_____

_____

_____

_____

6. 当系统中使用到多个电磁阀进行换向操作时，为了简化系统控制，会使用到专门用于连接扩展的元件——汇流板，如图3-21所示。

图 3-21　汇流板

1）请解释汇流板上标注的 P、EA 和 EB 的含义。

_____

_____

_____

_____

2）安装汇流板时，会使用到哪些配套零件？请列举一两个零件，简要说明其功能和使用方法。

_____

_____

_____

● 计划

根据安装板布置图（见图 3-22）和气动控制回路原理图（见图 3-23），按照制订的工作计划实施气路的安装。

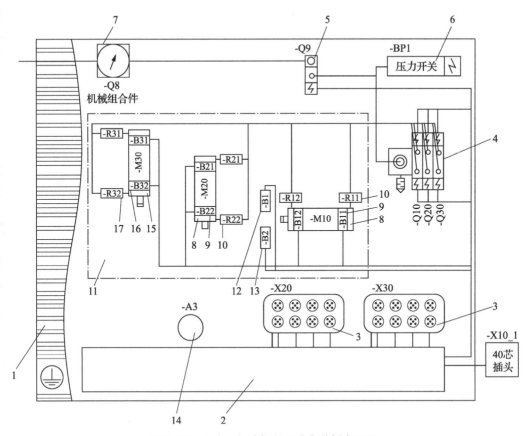

图 3-22　电气–气动控制回路安装板布置图

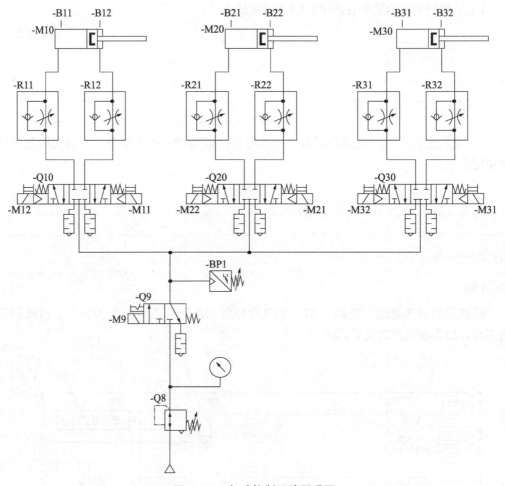

图 3-23　气动控制回路原理图

1. 请对照图 3-22、图 3-23，思考需要用到的材料和工具，制订该气动控制回路安装与调整的工作流程。

2. 根据图 3-24 中标注的符号，完成执行元件 I/O 对照表（见表 3-14）的填写。

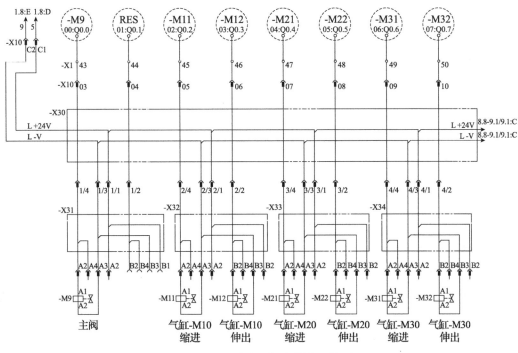

图 3-24　电气–气动控制回路

表 3-14　执行元件 I/O 对照表

端口	序号	操作数	元件标志	功能描述
输出端	00			

补充：

3. 气动控制回路安装计划表（见表 3-15）。

表 3-15　气动控制回路安装计划表

序号	工作内容	工作地点	工作时间	使用的工具或设备
1				
2				
3				
4				
5				
6				
7				
8				
9				
10				

补充：

4. 气动控制回路元器件和工具清单（见表 3-16）。

表 3-16　气动控制回路元器件和工具清单

序号	工具或元器件名称	型号	数量	作用	单价
1					
2					
3					
4					
5					
6					
7					
8					
9					

补充：

● 决策

1. 通过分析气动控制回路图样，结合气路连接实际情况，小组成员互相比对所填写的执行元件 I/O 对照表，检查是否有不一致的地方，并在下方做好记录，然后请再次观察图样和实物连接，修改 I/O 对照表。

_____

_____

_____

2. 小组讨论气动控制回路安装计划表，可在培训师的指导下查漏补缺，再次完善安装计划表。将补充或修改的内容记录在下方，请说明具体是哪一步骤或是修改步骤中的哪一部分。

_____

_____

_____

3. 根据完善后的安装计划，请小组成员对气动控制回路元器件和工具清单表再次进行检查和修改，将缺少的部分或分类错误的部分记录在下方。

_____

_____

_____

_____

● 实施

1. 领取气动控制回路元器件、工具和图样，并填写表 3-17。

表 3-17　气动控制回路元器件、工具和图样清点表

类型	名称型号	数量	确认项	备注原因
元器件			是□　否□	
			是□　否□	
			是□　否□	
			是□　否□	
			是□　否□	
			是□　否□	

类型	名称型号	数量	确认项	备注原因
元器件			是□ 否□	
			是□ 否□	
			是□ 否□	
			是□ 否□	
			是□ 否□	
			是□ 否□	
			是□ 否□	
			是□ 否□	
			是□ 否□	
工具、耗材			是□ 否□	
			是□ 否□	
			是□ 否□	
			是□ 否□	
			是□ 否□	
			是□ 否□	
			是□ 否□	
			是□ 否□	
			是□ 否□	
			是□ 否□	
			是□ 否□	
图样			是□ 否□	

补充：

_____

_____

_____

_____

2. 气动控制回路工艺。请在表 3-18 中错误点描述栏内注明实施气路安装工艺示例中的问题。

表 3-18　图表错误点描述

	正确的方式	错误的方式
气动控制回路与电气控制回路要求		
错误点		
	正确的方式	错误的方式
气动控制回路的绑扎要求		
错误点		

	正确的方式	错误的方式
气管的排列要求		
错误点		
	正确的方式	错误的方式
气管的弯曲半径要求		
错误点		
	正确的方式	错误的方式
气动控制回路气密性要求		高压漏气声
错误点		

● 检查

气动控制回路目测检查见表 3–19。

表 3-19 气动控制回路目测检查

序号	目测检查点	检查结果
1	图样是否完整	是□ 否□
2	是否按总装图安装	是□ 否□
3	是否有没完成部分	是□ 否□
4	有无明显错误	是□ 否□

请将出现的问题填写在下面，并说明改正方法。

_____

_____

_____

● 总结

1.请按照资讯→计划→决策→实施→检查的工作流程，对本次任务进行总结，并且注明每一步的知识点。

STEP1 —— 资讯   知识点：_____

                                  _____

STEP2 —— 计划   知识点：_____

                                  _____

STEP3 —— 决策   知识点：_____

                                  _____

STEP4 —— 实施   知识点：_____

                                  _____

STEP5 —— 检查   知识点：_____

                                  _____

2.请总结本次任务中自己的不足之处。

_____

_____

_____

3. 任务评价（见表3-20）。

表3-20 气动控制回路安装任务评价表

小组成员				日期		
评价项目	项目内容	自评	互评	教师评价	综合评价
资讯	资料的收集（10分）				
	资料的补充（5分）				
计划与决策	任务的理解（5分）				
	计划的制订（10分）				
	计划的决策（10分）				
实施	是否按计划实施（10分）				
	是否会正确使用检测仪表（5分）				
	是否按标准工艺完成（10分）				
	是否理解工作内容（5分）				
检查	是否完成任务（10分）				
	有无明显错误（10分）				
总结	是否完成工作任务总结（10分）				
总评					
评价签名					
对培训师评价	优		良		差	极差

学生对老师说：

老师对学生说：

注 评分为百分制，总分为100分，最终得分为每项评分总和。

子任务二　调试气动控制回路

培训目标

1）能读懂气动原理图和电气接线图。

2）能对气动元件及回路进行检查调试，并记录检查结果。

3）熟悉 PLC 编程软件，能根据 GRAFCET 流程图编写 PLC 程序以及对程序进行调试。

4）能对整个系统进行功能检查，能排除故障，并记录检查结果。

5）能制订工作计划，并按照制订的流程和装调工艺规范完成传感器控制回路的调试。

6）遵守操作规范、用电安全，做好 6S 管理。

7）能进行有效的团队合作。

培训安排

该阶段的培训是掌握自动化滑仓系统气动控制回路的调试，能正确分析自动化滑仓系统的气动控制回路，对其进行检测、调试。能根据功能描述，读懂按 GRAFCET 制定的流程图（称为 GRAFCET 流程图），并能根据流程图编写 PLC 程序以及对程序进行调试。本阶段的学习时长建议控制在 12 个学时，约 720min。其中 2 个课时（90min）用于学习气动元件调试方法、分析程序流程图以及制订调试计划，剩余时间用于任务实施。

功能描述

1. 这个机电一体化分系统使用主开关 -Q1 接通。在急停开关无故障，所有操作元件（-S3、-S4、-S5、-S6、-S7、-S8、-S9、-S10 和 -S11）处于基本位置"关"的情况下，主阀 -M9 受控动作。如果急停开关状态不好，存在故障，主阀就不会受控动作，信号灯 -P1和 -P31 会亮，不受控制器影响。

2. 用旋转开关 -S3 接通控制器和所有功能指示的信号灯，接通后显示设备瞬时状态。如果压力开关 -BP1 报告有至少 3bar（$1bar=10^5Pa$）的设定压力，这种情况就会经信号灯 -P4 指示出来，设备控制器因此得到释放（释放中间继电器 ="1"）。

3. 只有在控制器处于"开"，释放中间继电器 ="1"时，点动 / 自动操作工作状态才能激活。用开关 -S4 可以在点动操作和自动操作之间切换。当开关 -S4 在位置"0"时，设备处于点动状态（释放中间继电器 ="1"），信号灯 -P3 亮。当开关 -S4 在位置"1"时，设备处于自动操作状态，信号灯 -P3 以 1Hz 的频率闪烁。

4. 点动操作（-S4 = 0）状态下的功能流程。

1）按发光按钮 -S6 或 -S7 后，气缸 -M10 的活塞杆可以缩进、伸出。缸端位置（-B11和 -B12）则分别经由信号灯 -P10 和 -P11 指示出来。同时按 -S6 和 -S7，对气缸不起控制作用。

2）按发光按钮 -S8 或 -S9 后，气缸 -M20 的活塞杆可以缩进、伸出。缸端位置（-B21

和 –B22）则分别经由信号灯 –P12 和 –P13 指示出来。同时按 –S8 和 –S9，对气缸不起控制作用。

3）按发光按钮 –S10 或 –S11 后，气缸 –M30 的活塞杆可以缩进、伸出。缸端位置（–B31 和 –B32）则分别经由信号灯 –P14 和 P15 指示出来。同时按 –S10 和 –S11，对气缸不起控制作用。

4）如果气缸 –M30 已经伸出来了，–P7 会亮。如果气缸 –M30 已经缩进去了，–P7 会以 1Hz 频率闪亮。

5.基本位置。气缸是通过手动移动到达基本位置的。所有气缸（–M10、–M20 和 –M30）处于基本位置时是伸出来的。如果到达了缸端位置，灯 –P2 会亮。

6.自动操作（–S4 = 1）状态下的功能流程。在自动操作起始步时进行这些设置：计算器 =3，信号灯 –P6=0、–P32=0、–P33=0，"有零件" = 0（中间继电器）。

设备必须处于基本位置，且释放中间继电器有"1"时才能启动自动操作。信号灯 –P6"循环开"开，表示循环一直持续。一次循环采集（检测）3 个工件（金属件/塑料件）。

循环过程如下：

第 1 循环：

——M10 缩进；循环指示 –P6 开；

——1s 等待；

——M10 伸出；

——经 –B1 或 –B2 分析是否有零件：如果没有零件，10s 后跳到重新启动；如果有零件（"有零件"中间继电器被置位到 1），材料类型信号灯置位到"关"；

——通过 –B1 和 –B2 分析材料类型：若材料为塑料，信号灯 –P33"开"；若材料为金属，信号灯 –P32"开"；

——滑道经 –M30 暂停；

——计数器分析：若计数器读数不是零，新循环（总共 3 个循环）；若计数器读数为零，–P6 关 / –P5 开。

或者：

——止动器 –M20 缩进；

——计数器为 –1；

——止动器 –M20 伸出并用 –M30 关闭滑道；

——当 –P6 = "0"、–P5 = "1"时，5s 后跳到重新启动；

——可以重新启动一次新的循环。

7.急停开关处于设备开通的情况下（–S3 = 1）

——信号灯 –P1、–P31"开"不受控制器影响；

——主阀 –M9"关"；

——执行机构（信号灯除外）处于"关"状态；

——信号灯指示设备上的瞬时值；

——设备重新起动；所有操作元件处于基本位置（–S3 到 –S11）。

8. 急停开关处在设备关断的情况下（–S3 = 0）

——信号灯 –P1、–P31"开"不受控制器影响；

——主阀 –M9"关"；

——整个执行机构处于"关"状态；

——不指示瞬时值；

——设备重新起动；所有操作元件处于基本位置（–S3 到 –S11）。

● 资讯

1. 结束气动控制回路的安装也意味着自动化滑仓系统控制回路的安装全部完成了。紧接着需要编写 PLC 程序对整个设备进行电气联调，保证电控柜回路、传感器控制回路和气动控制回路可以完成任务的要求。

1）请解释下方列出的逻辑控制 GRAFCET 流程图符号含义。

1 5	解释 1：_____ _____
释放	解释 2：_____ _____
-P32:=1	解释 3：_____ _____
-P32:=0	解释 4：_____ _____
1S/-B̄11 -M12	解释 5：_____ _____
-B1+-B2 有零件:=1	解释 6：_____ _____

2）练习：按照功能描述完成 GRAFCET 流程图的补充、修改，并在旁边附上 PLC 程序，见表 3-21。补充功能描述：正常运行时，料仓检测到物料充足后，进行推料。阻料气缸拦截工件进行工件材质的判断。判断完成后，进行放料操作。如果由于机械组合件的条板组装不到位，导致止动器在缩回后，因硬件干涉无法正常伸出到位，请用延时 5s 的方式，来判断止动器是否伸出到位。如果正常则继续运行，否则返回初始步，手动处理达到标准后设备可以重新自动运行。

备注：GRAFCET 流程图和 PLC 程序只用写上述功能相应的部分即可。

表 3-21　GRAFCET 流程图和 PLC 程序（LAD）

GRAFCET 流程图	PLC 程序（LAD）
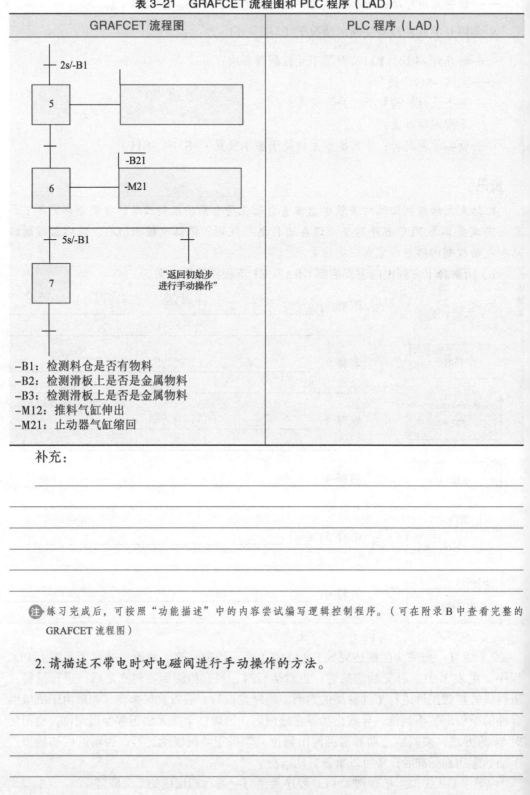	

-B1：检测料仓是否有物料
-B2：检测滑板上是否是金属物料
-B3：检测滑板上是否是金属物料
-M12：推料气缸伸出
-M21：止动器气缸缩回

补充：

_____

_____

_____

_____

_____

注 练习完成后，可按照"功能描述"中的内容尝试编写逻辑控制程序。（可在附录 B 中查看完整的 GRAFCET 流程图）

2. 请描述不带电时对电磁阀进行手动操作的方法。

_____

_____

_____

_____

_____

_____

3. 如何对气缸的伸出和缩回速度进行控制调试？请在下方描述。

_____

_____

_____

_____

4. 在通电运行前，需要对整个回路进行气密性检查，请列举出至少 3 种检查气密性的方法。

_____

_____

_____

_____

● 计划

仔细思考该气动控制回路的调试所需的检测仪器和检测项目，填入表 3-22。

表 3-22 气动控制回路检测计划表

序号	检测方式	检测内容	使用设备	检测员签名
1				
2				
3				
4				
5				
6				
7				
8				
9				
10				
11				

注 检测方式分为断电测量和通电测试两种。

补充：

_____

_____

_____

_____

● **决策**

小组对气动控制回路检测计划表进行讨论，并在培训师的指导下查漏补缺，对检测计划表进行优化。将补充或修改的内容记录在下方，请说明具体是哪一步骤或是修改步骤中的哪一部分。

_____

_____

_____

_____

● **实施**

1.应在确保操作安全的前提下实施检测，凡是需要通电操作的部分，必须在培训师的指导下进行。请完成表3-23的填写。

表3-23　气动控制回路检测核对表

序号	检测类型	检测点	是否正常	
1		电路图是否完成、齐备	是 ○	否 ○
2		设备（器件）是否按专业要求配备	是 ○	否 ○
3		线路是否按图样连接完全	是 ○	否 ○
4		元器件是否有损坏（外观）	是 ○	否 ○
5	不上电检测	导线是否有损坏（外观）	是 ○	否 ○
6		接线是否牢固且符合工艺	是 ○	否 ○
7		调节工作压力5bar，检查气密性是否合格	是 ○	否 ○
8		气管接线是否符合工艺	是 ○	否 ○
9		所有元器件和线路是否做好标志	是 ○	否 ○
10		接地线的导通性是否良好	是 ○	否 ○
11		气缸是否正常动作	是 ○	否 ○
12		电磁阀是否正常动作	是 ○	否 ○
13	带电测试	气缸是否按要求动作	是 ○	否 ○
14		PLC是否可以正确控制电磁阀、警示灯	是 ○	否 ○
15		设备是否按照规定要求执行动作	是 ○	否 ○

2.将检测中出现的不正常现象记录在下方，并通过团队讨论将解决方案简要记录在下方。

_____

_____

_____

_____

3.再次对程序进行检查和优化，然后在培训师的指导下，进行上机运行测试。观察设备运行状态，判断元件是否安装调试到位。将出现的问题、解决方案或者优化步骤记录在表3-24中。

扫码可观看滑仓系统视频

表3-24　程序运行检测表

检测序号	检查点	正常	
1	功能说明Ⅰ要求	是 ○	否 ○
2	功能说明Ⅱ要求	是 ○	否 ○
3	功能说明Ⅲ要求	是 ○	否 ○
4	功能说明Ⅳ要求	是 ○	否 ○
5	功能说明Ⅴ要求	是 ○	否 ○
6	功能说明Ⅵ要求	是 ○	否 ○
7	功能说明Ⅶ要求	是 ○	否 ○
8	功能说明Ⅷ要求	是 ○	否 ○

4.将出现问题的地方记录下来，并与同学讨论或者寻求培训师的帮助，将解决方案记录在方格内。

_____
_____
_____
_____
_____
_____

● 检查

检查所有表格是否填写完毕，所有仪器和工具是否整理到位。将检测过程中出现的问题与培训师进行沟通，并把所获得的结论记录在下方。

_____
_____
_____
_____
_____
_____
_____

● 总结

1. 结束调试任务后，请按照资讯→计划→决策→实施→检查的工作流程，总结每一步的知识点。

STEP1 — 资讯   知识点：_____

STEP2 — 计划   知识点：_____

STEP3 — 决策   知识点：_____

STEP4 — 实施   知识点：_____

STEP5 — 检查   知识点：_____

2. 进行小组讨论，总结本次任务中自己的不足之处，记录培训师给自己提出的意见。

_____

_____

3. 任务评价（见表3-25）。

表3-25　气动控制回路调试任务评价表

小组成员			日期		
评价项目	项目内容	自评	互评	教师评价	综合评价
资讯	资料的收集（10分）				
	资料的补充（5分）				
计划与决策	任务的理解（5分）				
	计划的制订（10分）				
	计划的决策（10分）				
实施	是否按计划实施（10分）				
	是否会正确使用检测仪表（5分）				
	是否按标准工艺完成（10分）				
	是否理解工作内容（5分）				

（续）

小组成员				日期		
评价项目	项目内容		自评	互评	教师评价	综合评价
检查	是否完成任务（10分）					
	有无明显错误（10分）					
总结	是否完成工作任务总结（10分）					
总评						
评价签名						
对培训师评价	优		良	差		极差

学生对老师说：

老师对学生说：

注 评分为百分制，总分为100分，最终得分为每项评分总和。

【学习提示】

自动化滑仓系统安装与调试工作流程如图3-25所示。

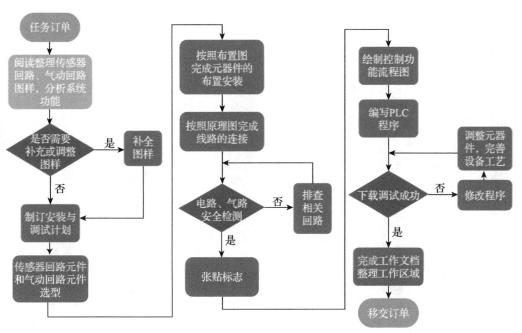

图3-25　自动化滑仓系统安装与调试工作流程

自动化滑仓系统安装与调试知识卡片如图3-26所示。

电-气动控制系统安装与调试

学习要点

· 了解常用传感器的功能、结构、符号;熟悉其工作原理;掌握其安装调试方法
· 了解常用气动元件的功能、结构、符号;熟悉其安装调试方法
· 熟悉机械、气动、电气安装相关的国家标准
· 熟悉PLC编程软件,能根据GRAFCET流程图编写与PLC程序以及对程序进行调试

操作注意事项

▲ 安装前后保证元器件完整性无损坏

▲ 通电前保证元器件可以正常动作

▲ 保证气动回路和元件的气密性

▲ 保证传感器的信号通道选择正确

安装与调试过程中出现无法解决的问题时务必向培训师反馈

电气-气动控制回路
- 传感器回路元器件
- 气动回路元器件

知识要点

传感器回路元件
- 传感器
- 重载连接器
- 分配器

传感器

描述:是一种检测装置,能感受到被测量的信息,并能将感受到的信息,按一定规律变换成为电信号或其他所需形式的信息输出,以满足信息的传输、处理、存储、显示、记录和控制等要求

功能:根据材料的特性,使用不同的技术进行信号反馈,例如,电感传感器检测金属零件

使用:在需要防护和快速断电的系统中,例如带光栅检测、急停按钮的设备

重载连接器

描述:在结构设计、材料使用方面的国际先进性进使得连接器在电气性能方面表现突出。对于电气连接系统的可靠性是传统的连接方式无法达到的

功能:重载连接器具有预配安装、预先接线,防止误插,提高工作效率等优点

使用:广泛应用于建筑机械、纺织机械、包装印刷机械、烟草机械、机器人、轨道交通、热流道、电气、自动化等需要进行电气和信号连接的设备中

分配器

描述:信号分配器是在自动化控制系统中对各种工业信号进行变送、转换、隔离、传输,可与各种工业传感器配合

功能:将传感器等设备进行转接、转换,根据要求需要和Y型、T型分线器配合使用

使用:广泛应用于机械、电气、电力、石油、电信、钢铁、化工、污水处理、楼宇建筑等领域的数据采集、信号传输转换,以及PLC、DCS等工业系统来完善和补充系统模拟I/O循环功能,增加系统适用性和现场环境的可靠性

根据知识卡片收集更多的信息完成任务学习

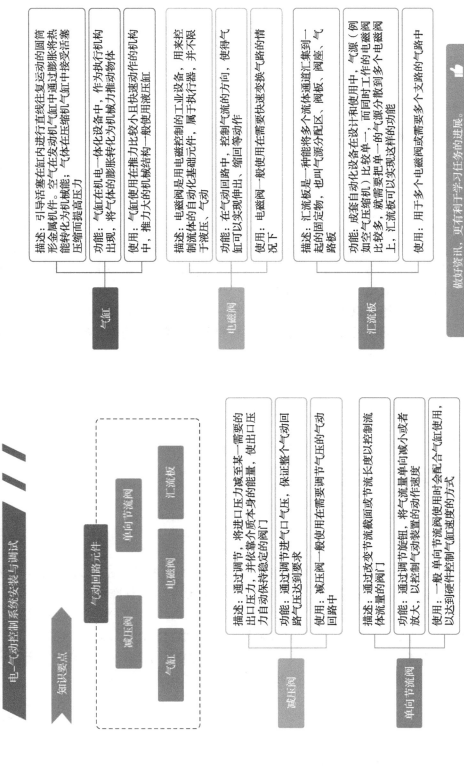

图3-26　自动化滑仓系统安装与调试知识卡片（续）

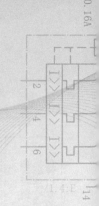

学习情境四
安装与调试自动化分拣系统

● 情境引入

　　客户对自动化滑仓系统的成品非常满意，你的实习期也接近了尾声，公司准备对实习生进行最终考核。人力资源部门发布了实习转正考核通知邮件给公司的实习生。作为装配部的实习生，你收到的邮件内容大致如下：转正考核主要分为理论和实践操作两个部分（机电一体化理论知识考核；技能操作考核——安装与调试自动化分拣系统），考试时间预计为三天，第一天按任务要求准备材料和设备，第二天完成设备移交，第三天理论考核。

学习任务一
改造和安装分拣系统

● 任务描述

　　实施过程需要完成图样、资料页的整理分类，通过分析图样（附录 C）了解具体的实施要求，根据机械装配图样、电气安装图样，结合 DIN VDE 标准和安装工艺，完成工作流程的编写，改进零件，编写工艺卡片，补充完善图样，完成设备的安装和检测。在考虑材料和人力成本以及环境保护的情况下，通过收集资料，制订科学合理的机电一体化子系统的改造、安装和调试计划，按照制订好的计划进行任务实施。自动化分拣系统机械加工部分展示图如图 4-1 所示，电气-气动部分展示图如图 4-2 所示。

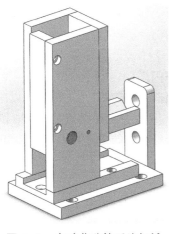

图 4-1 自动化分拣系统机械
加工部分展示图

图 4-2 自动化分拣系统电气-气动部分展示图

● 功能说明

1. 概述

请按附录 C 中的自动化分拣系统 GRAFCET 流程图和下面的功能描述进行 PLC 编程。

1）下面的功能描述是对流程图所做的解释 / 补充。

2）对编好程序的 PLC 进行调试和测试。

3）由于功能描述没有包含 PLC 的所有说明，所以要注意电路图（线路图）和分配表要求（地址分配表用于帮助您确定系统相关操作数的占用情况）。

2. 功能描述

此机电一体化子系统使用总开关 –Q1 接通。

1）急停开关 "–F5 断" 故障。

① 主阀 "关" / "锁定"。

② –P1 和 –P31 "开"。

③ 设备锁定了。

④ –S3 "开"，指示故障情况下的瞬时状态。

⑤ –S3 "关"，不指示瞬时状态。

2）急停开关 "–F5 通" 故障。

① 经 –Q2 和 –Q3 的辅助触点转接阀 "开"。

② –P1 和 –P31 "关"。

3）设备释放。

① 释放条件。

② 急停开关 –F5 "开"。

③ 电动机保护 –F7 "开"。

④ 基本位置从 –S3 到 –S7。

a. 旋转开关 –S3。当释放条件满足时，可以经旋转开关 –S3 接通和关掉设备。

在 –S3"开"时通过信号灯反映设备的瞬时状态。如果有了工作压力，设备转接入点动操作。

b. 点动操作与自动操作工作状态。用开关 –S4 可以在点动操作和自动操作之间切换。当开关 –S4 在位置"0"时，设备处于点动状态，信号灯 –P3 亮。当开关 –S4 在位置"1"时，设备处于自动操作状态，信号灯 –P3 以 1Hz 的频率闪烁。

c. 点动操作（–S4 = 0）时的功能流程。操作带灯按钮 –S6 或 –S7 后，滑板可以向右、向左(具体根据所用限位开关情况而定)移动。滑板的末端位置分别经由信号灯 –P6 和 –P8 指示出来。当一个方向的末端位置还未达到时，移动会经相应的信号灯闪亮指示出来。中间位置则由 –P7 指示。同时操作 –S6 和 –S7，会导致电动机停机（G_T_ 锁止 = 1）。解除锁止，不需要操作 –S6 与 –S7（G_T_ 锁止 = 0）。

基本位置：按下 –S12，设备移动到基本位置，即滑板移动到位置 1 上。基本位置经信号灯 –P2 指示出来。

4）自动操作（–S4 = 1）时的功能流程。书写功能流程是实施任务的一部分，即必须将功能流程写出来。自动操作的功能说明具体见本学习情境的学习任务二。另外请注意下面编写程序要求：要用合适的动作、转换及逻辑连接，避免气缸及主轴运动出错；点动操作、自动操作及瞬时值显示这些程序已经用模板编写好，但不完整，请写完整；用熟悉的 PLC 进行编程（软件 / 硬件）。

● 培训目标

1）能分析整理任务图样，绘制完善需改进部分的机械图样。
2）能根据任务要求，制订机械安装工艺流程、电气安装与调试计划。
3）能完成工艺卡片的填写。
4）能对设备进行检测调试，并做好记录。
5）遵守操作规范、用电安全，做好 6S 管理。

● 培训安排

该阶段的培训内容是：根据客户要求对机电一体化子系统进行改造、检测和调试，任务实施过程需要制订工作计划，对设备中的零件进行加工改造。本阶段的学习时长建议控制在 9 培训学时，约 480min。其中 2 课时用于理论知识和流程标准的学习以及制订计划，剩余时间用于标准任务实施。培训安排见表 4-1。

表 4-1　培训安排

1. 分析功能描述
2. 根据实际情况编写，制订修改（改动）计划
3. 对零件进行改进加工
4. 编写合适的加工工艺
5. 将下列元件加入图样中，并补全图样 　　输入：I08 –S10 –M30 气缸缩进 　　　　　I09 –S11 –M30 气缸伸出 　　　　　I17 –S10 –B31 气缸缩进了 　　　　　I18 –S10 –B32 气缸伸出了

输出：O02 –M31 –M30 气缸缩进
　　　O03 –M32 –M30 气缸伸出
　　　O20 –P12 –M30 气缸缩进了
　　　O21 –P13 –M30 气缸伸出了

6. 将补充部分的功能说明转化为程序，并完成编写

7. 对设备进行测量和测试

8. 移交并且指导客户使用设备

● 资讯

1. 对任务进行分析解读，将所拿到的图样进行分类。该设备能实现什么功能？将阅读后的成果写在下方。

图样分类：_____

_____

_____

产品的组成：_____

_____

_____

产品的功能：_____

_____

_____

2. 对分类好的图样进行分析，区分各个子系统模块例如机械加工、电气安装调试等，将图样中需要使用的技术、使用的设备和加工的场地分类列出来。

_____

_____

_____

_____

_____

3. 通过资讯方式了解设备中出现的新元器件的工作原理和安装方法，并将关键信息记录在下方。

_____

_____

_____

_____

_____

4.学习产品移交方面的知识，了解移交产品之前需要准备哪些文件，以及如何向客户演示产品的相关功能和注意事项等，将资讯的关键信息记录在下方。

_____

_____

_____

_____

_____

_____

● 计划

阅读和分析附录 C 中的工作任务，可以发现需要操作实施的内容大致分为机械和电气–气动两大部分，请按照这两个部分来制订工作计划。

1.电气–气动控制回路补充安装计划表（见表 4–2）

表 4–2　电气–气动控制回路补充安装计划表

序号	工作内容	功能	使用工具	场地
1				
2				
3				
4				
5				
6				
7				
8				
9				
10				
11				
12				
13				
14				

补充：

_____

_____

_____

_____

2. 气缸支架加工改造工序卡

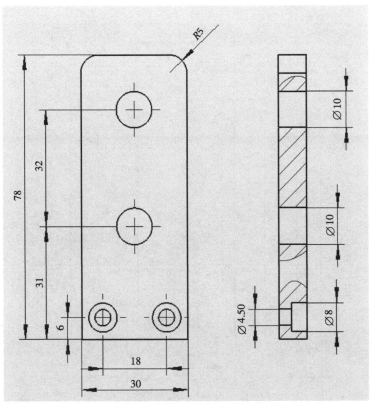

气缸支架加工改造工序卡					
工序名称			工序号		加工场地	
产品型号		部件图号			文件编号	
产品名称			生产者		质检员	
步骤	步骤内容				工艺装备
更改记录				编　制		当前页	
日　期		批　准		审　批		总页数	

3. 料仓（件2）加工改造工序卡

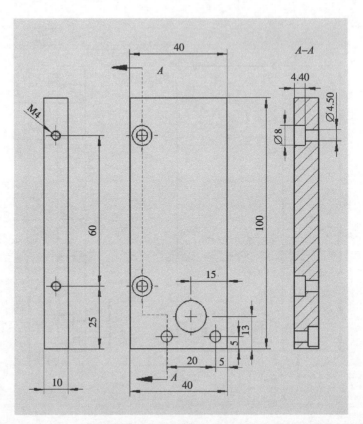

料仓（件2）加工改造工序卡					
工序名称		工序号		加工场地	
产品型号		部件图号		文件编号	
产品名称		生产者		质检员	
步骤	步骤内容			工艺装备	
更改记录			编制		当前页
日期		批准	审批		总页数

4. 料仓装配工序卡

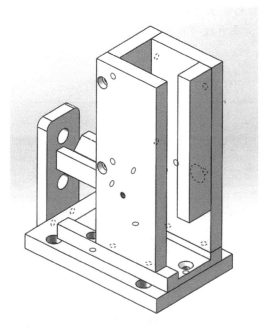

料仓装配工序卡						
工序名称			工序号		加工场地	
产品型号		部件图号			文件编号	
产品名称			生产者		质检员	
步骤	步骤内容					工艺装备
更改记录				编　制		当前页	
日　期		批　准		审　批		总页数	

机械加工、装配工序卡补充：

_____

_____

_____

_____

● **决策**

1. 对照电气–气动补充安装计划表和附录 C 的任务实施图样，制订最佳的安装方法和步骤。将上述列表里需要更改项目或步骤的内容填写在下方。

_____

_____

_____

_____

2. 仔细阅览机械加工工艺卡和机械装配工艺卡，思考其工艺是否最佳，并将需要调整和改进的地方写在下方。

_____

_____

_____

_____

● **实施**

1. 根据附录 C 中的图样将工作任务描述中出现的地址信息填入 I/O 对照表中（见表4–3）。

表 4–3　显示控制面板 I/O 对照表

端口	序号	操作数	元件标志	功能描述
	I0		–F5	报告"急停开关 OK"
	I1		–S3	控制器 开 / 关
	I2		–S4	"点动 / 自动操作"操作方式
	I3		–S5	"自动操作"启动 1
	I4		–S6	–M10 左行
	I5		–S7	–M10 右行
	I8			
输入端	I9			
	I11		–BP1	有工作压力
	I12		–B11	X 轴，位置 1
	I13		–B12	X 轴，位置 2
	I14		–B13	X 轴，位置 3
	I17			
	I18			
	I23		–F7	电动机保护

端口	序号	操作数	元件标志	功能描述
输出端	O2			
	O3			
	O6		−Q5	滑板左行
	O7		−Q6	滑板右行
	O11		−P2	基本位置（起始位置）
	O12		−P3	"点动／自动操作"操作方式
	O13		−P4	有工作压力
	O14		−P5	电动机保护 −F7 释放了
	O15		−P6	X 轴末端位置，位置 1
	O16		−P7	X 轴末端位置，位置 2
	O17		−P8	X 轴末端位置，位置 3
	O20			
	O21			

补充：

_____

_____

_____

_____

_____

_____

2. 请说明需添加的传感器、电磁阀和带灯按钮，并将其电气符号图画在下方空白处。

3. 根据控制要求补全下方的电气-气动控制回路图,并解释该电气-气动控制回路的工作原理,然后按照电气-气动控制回路图完成气路的布置和安装。

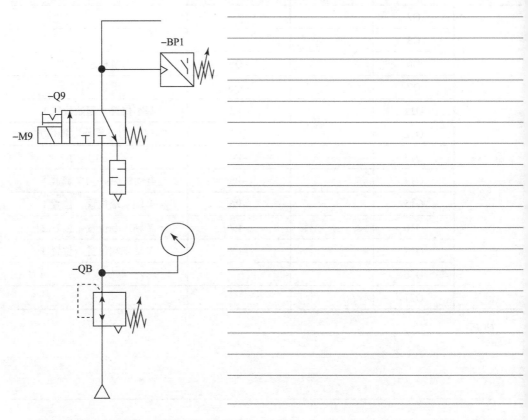

4. 根据附录C中的零件图样计算料仓、气缸支架需要改装的尺寸,并说明这样设计的理由。

5. 电动机的供电线缆出现了破损,为了保证用电安全,需要将电缆截短5cm再重新安装,请简要描述安装过程。

● 检查

自动化分拣系统目测检查见表4-4。

表4-4 自动化分拣系统目测检查

序号	目测检查点	检查结果
1	图样是否完整	是□ 否□
2	是否按总装图安装	是□ 否□
3	是否有没完成部分	是□ 否□
4	有无明显错误	是□ 否□

注 请将出现的问题记录在下列方格内，并简要说明改进方法。

_____
_____
_____
_____
_____
_____

● 总结

1.请将本次任务中学到的知识、技巧列举在下方。

_____
_____
_____
_____
_____
_____

2.整个工作流程中哪些步骤是可以改进的？请将你想到的优化方法记录在下方。

_____
_____
_____
_____
_____
_____

学习任务二
调试和移交分拣系统

● 任务描述

在硬件设备安装调试完成后，按照自动化分拣系统功能描述所要求的控制流程完成 PLC 程序的编写，按照设备测试表的内容完成回路安全测试，并记录数值。观察程序的运行是否符合控制要求，设备功能调试完成后进行工艺整理，并对工作现场 6S 进行检查和恢复。然后，编写移交设备所需技术资料，并能够现场向客户移交产品，指导设备操作。自动化分拣系统整体展示图如图 4-3 所示。

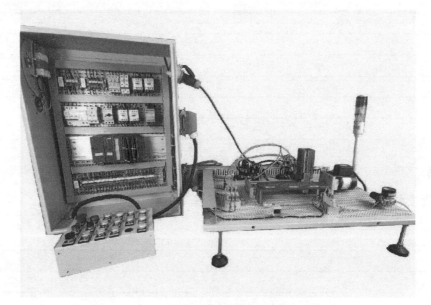

图 4-3　自动化分拣系统整体展示图

● 培训目标

1）能够按照逻辑流程编写程序。
2）根据标准对设备进行详细检测。
3）对机电设备进行动作功能调试。
4）对完成的产品设备进行移交。

● 培训安排

该阶段的培训内容主要为机电一体化设备控制功能逻辑控制和设备移交，考虑到需要对控制程序进行编写、对零件（设备）进行联调和完成设备移交技术文件，本阶段的学习时长应该控制在 6 个培训学时，约 360min。

一、编写逻辑控制程序

1. 实施阶段功能补充描述

点动操作：要求经操作按钮 –S10，气缸 –M30 可以缩进；经操作按钮 –S11，气缸 –M30 可以伸出；到达气缸末端位置分别经由信号灯 –P12 和 –P13 指示出来；同时按下 –S10 和 –S11，对气缸不起控制作用；在初始位置（基本位置）时气缸处于伸出的状态。

自动操作：将一个销子推入一个现有的方块中，然后放到指定的位置上。料仓中最多有 3 个方块，分三个循环装入并放到指定的位置上。

每个循环需要的销子是手动放进装入机构中的。

循环 1：

— 初始位置 –P2 = "1"。

— 手动放上销子。

— 有方块 –B52 = "1"。

— 光栅 –B51 = "1"。

— 用 –S5 起动。

— 销子推动气缸伸出。

— 销子推动气缸缩回。

— 方块放在位置 3 上。

— 方块推动气缸缩进。

— 方块推动气缸伸出。

— 滑块移到位置 1 上。

循环 2：

— 与循环 1 流程相同，只是方块放到位置 2 上。

循环 3：

— 与循环 1 流程相同，只是方块放到位置 1 上。

程序要有以下表述 / 功能：

— –P32 有方块 "1"，没有方块 "1Hz"。

— –P33 有销子 "1"，没有销子 "1Hz"。

— 如果没有方块，–P33 则没有指示或显示。

2. 根据任务描述，绘出 GRAFCET 流程图。

3. PLC 程序的编写。

二、调试整个系统

完成全部逻辑控制程序编写，在培训师的指导下，进行整体设备的硬件检测。通过硬件检测后烧录程序，观察设备运行状态。

扫码可看分拣系统视频

1. 设备检测（见表 4-5）

表 4-5　设备检测表

序号	检测点	检测结果
1	图样是否完整	是□　否□
2	是否按照图样布置	是□　否□
3	是否有没完成的部分	是□　否□
4	是否所有元件都进行了标记	是□　否□
5	接线是否符合工艺	是□　否□
6	气路是否泄漏	是□　否□
7	手动操作气缸是否正常	是□　否□
8	按钮指示灯是否安装正确	是□　否□
9	传感器是否正常工作	是□　否□
10	保护装置是否做好隔离保护	是□　否□
11	配电是否接地并张贴警示标志	是□　否□
12	接地导通测试：①配电柜内接地导通性；②机械组合件和电气柜外壳的接地导通性	
13	供电回路电压：①相线与零线；②相线与地线；③维修插座电压；④直流电源电压	
14	绝缘电阻测量：①各相线与地；②零线与地；③超低压保护	
15	漏电保护：①是否动作；②脱扣电流；③脱扣时间	

补充：

2. 程序的运行检测列表（见表 4-6）

表 4-6 　程序运行检测列表

检测序号	检测点	是否正常			
1	功能说明 I 要求	是	○	否	○
2	功能说明 II 要求	是	○	否	○
3	功能说明 III 要求	是	○	否	○
4	功能说明 IV 要求	是	○	否	○
5	功能说明 V 要求	是	○	否	○
6	功能说明 VI 要求	是	○	否	○
7	功能说明 VII 要求	是	○	否	○
8	功能说明 VIII 要求	是	○	否	○

记录出现的问题，可寻求培训师的帮助，说明其解决方案。

_____

_____

_____

_____

三、移交设备

1. 材料整理列表（见表 4-7）

表 4-7 　材料整理列表

序号	检查点	确认		备注
		是	否	
1	是否有多余材料			
2	多余材料是否区分归类			
3	设备仪器是否完整			
4	设备仪器是否保养归类			
5	图样、表格是否完整			
6	图样、表格是否区分归类			
7	产品元件是否完整			
8	产品内部是否清理完毕			
9	多余的材料是否清理			

注 材料和仪器的归还需要填写归还记录表，以保证实物是否归还到位。

2. 项目产品的移交

整理设备移交文件，并将文件用防水防潮的文件袋包装好，以便客户在后期需要时使用。将需要对客户移交、指导的重要内容填写在表 4–8 中。

表 4–8　设备移交核对表

内容	说明
项目文件和设备配件	项目文件： 设备配件：
操作指导说明	
设备维护注意事项	

产品名称：
移交人：　　　　　　　　　　　　　　　签收方：
移交时间：　　　　　　　　　　　　　　签收时间：

四、总结评价

完成一套机电一体化设备的安装与调试后，相信大家对简单的机电一体化系统有了全面的了解。请结合所学理论知识和实际操作经验，简要回答下列问题。

1. 在加工气缸支架的过程中会加工沉头孔，请说明如何加工与 M4 圆柱头螺钉应该配套的沉头孔。（写出具体步骤即可）

_____

_____

_____

_____

_____

2. 在调试程序时发现传感器分配器信号通道的指示灯没有按照要求点亮，但是设备动作却按照要求进行。请解释出现此问题的原因。

_____

_____

_____

_____

3. 请将本次实践操作考核中，你觉得需要学习改进的地方简要列在下方。

_____

_____

_____

_____

4. 任务评价（见表4-9）

表4-9　自动化分拣系统安装与调试任务评价表

小组成员				日期	
评价项目	项目内容	自评	互评	教师评价	综合评价
资讯	资料的收集（10分）				
	资料的补充（5分）				
计划与决策	任务的理解（5分）				
	计划的制订（10分）				
	计划的决策（10分）				
实施	是否按计划实施（10分）				
	是否会正确使用检测仪表（5分）				
	是否按标准工艺完成（10分）				
	是否理解工作内容（5分）				
检查	是否完成任务（10分）				
	有无明显错误（10分）				
总结	是否完成工作任务总结（10分）				
总评					
评价签名					

（续）

小组成员			日期			
评价项目	项目内容		自评	互评	教师评价	综合评价
对培训师评价	优		良	差		极差

学生对老师说：

老师对学生说：

> **注** 评分为百分制，每项评分总和为最终得分，且最终得分不得超过100分。

学习任务三
机电一体化理论知识考核

● 任务描述

理论知识考核主要是考查学生对检测技术、加工制造技术、电工技术、电子技术、信息技术、安全保护、事故急救和材料等知识的掌握情况，考核过程可以使用工具手册、公式汇编、英汉词典和非编程计算器，考核时间为90min。德国机电一体化工职业资格认证考试知识点见"机电一体化子系统安装与调试知识树"。

德国机电一体化工职业资格认证考试内容结构图如图4-4所示。

主题	毕业考试第一部分		毕业考试第二部分	
考试安排	第三学期结束之前		第六学期结束之前	
考试项目	理论知识考核	实践任务	理论知识考核	实践任务
具体内容与时间安排	考卷A部分：**客观题**，共23道选择题，选做20题 考卷B部分：**主观题**，共8道问答题 共90min	**计划**：30min（在理论知识考核后进行） **实施**：建议时间为4h **检测**：建议时间为2h 实施与检测过程中有10min用于**专业情境对话**	理论考试卷分："**工作计划**" 105min、"**功能分析**" 105min两部分，每部分由A、B两套试卷组成 具体为： 考卷A部分：**客观题**，共28道选择题，选做25题 考卷B部分：**主观题**，共8道问答题	**实践任务准备**：规定时间为8h **实践任务实施**：规定时间为6h 准备与实施两个过程中有20min用于**专业情境对话**
各项成绩占比（%）	50	50	50	50
总分计算方式（%）	40		60	

图4-4 德国机电一体化工职业资格认证考试内容结构图

● 培训目标

1）能够熟练使用专业工具手册，查找公式、符号。

2）通过分析考题，能对知识点进行梳理，并整理制定公式表。

3）掌握有关安全知识和环境保护内容。

● 培训安排

该阶段的培训分为考前复习准备、理论知识考核模拟测试两部分，主要考核机电一体化工职业资格认证考试中机械结构、信息处理、能源供给、执行元件、操作安全和环境保护等理论知识。在培训和考核过程中可以使用如《机电一体化图表手册》《机械制造工程基础》等专业工具书、非编程计算器，考核时间为90min。

一、考前复习

1.考试知识点与对应公式（见表4-10）

表4-10　考试知识点与对应公式

知识点	复习内容	备注
力学	$L=M_k/F$；$F_r=F_1+F_2$；$F_r=F_1-F_2$	力矢量的加减

注 表格并不代表实际的知识点数量，可根据机电一体化子系统安装与调试知识树，自己编制复习列表。

2.自动化技术符号的复习

（1）电路符号　见表4-11。

表4-11　电路符号表

支路	常开、常闭按钮	指示灯
急停按钮	**选择开关**	**接近开关**

（续）

电感式传感器	电容式传感器	光电式传感器
红外式传感器	电磁式传感器	压力开关
接触器主触点	接触器常开、常闭触点	接触器线圈
维修插座	剩余电流断路器	电动机保护器

（2）气动功能符号　见表 4-12。

表 4-12　气动功能符号表

压力源	压力容器	伺服单元
消声器	滤清器或滤网	脱水器

（续）

空气干燥器	油雾器	单向阀
换向阀	双压阀	快速排气阀
溢流阀	压力开关	节流阀
单作用气缸	双作用气缸	两通阀与操作方式
三通阀与操作方式	四通阀与操作方式	五通阀与操作方式

（3）GRAFCET 流程控制符号　见表 4-13。

表 4-13　GRAFCET 流程控制符号表

当前步置 1	当前步置 0	开启延时

（续）

断开延时	延时活动	时间受限活动
当前步激活保持	当前步激活复位	事件中的储存激活

（4）二进制逻辑门符号　见表 4-14。

表 4-14　二进制逻辑门符号表

NICHT"非"	UND"与"	ODER"或"
NAND"与非"	NOR"或非"	XOR"异或"

二、理论知识考核

试卷说明：考核时间为 90min，分为两部分，卷 A 包含 12 道客观题（单选题），卷 B 包含 4 道主观题（简答题）。答题没有先后部分，考前需要在指定部分填写考生信息。卷 A 单选题请在答题卡上以涂黑方式标明答案。单选题中涂黑的题号需要将解题过程写在答题区。卷 B 中的简答题答案请使用简洁语句在题目下方空白处答题。试卷总分为 100 分，选择题一题 5 分，简答题一题 10 分。

希望大家诚信考试，考出好成绩！

机电一体化理论模拟测试

考生姓名：＿＿＿＿＿＿＿＿   考核成绩：＿＿＿＿＿＿＿＿

卷 A（单选题）

A答题卡					
1	2	3	4	5	6
A. ☐ B. ☐ C. ☐ D. ☐	A. ☐ B. ☐ C. ☐ D. ☐	A. ☐ B. ☐ C. ☐ D. ☐	A. ☐ B. ☐ C. ☐ D. ☐	A. ☐ B. ☐ C. ☐ D. ☐	A. ☐ B. ☐ C. ☐ D. ☐
7	8	9	10	11	12
A. ☐ B. ☐ C. ☐ D. ☐	A. ☐ B. ☐ C. ☐ D. ☐	A. ☐ B. ☐ C. ☐ D. ☐	A. ☐ B. ☐ C. ☐ D. ☐	A. ☐ B. ☐ C. ☐ D. ☐	A. ☐ B. ☐ C. ☐ D. ☐

1. 在加工轴和轴套时，发现图样上孔直径的标注为 12H7，而配套轴直径标注为 12f7，请问：该轴和轴套怎么配合以及配合制度是什么？（   ）

   A. 过盈配合，基轴制   B. 过渡配合，基孔制

   C. 间隙配合，基孔制   D. 间隙配合，基轴制

2. 在开始一个全新的项目任务时，需要遵循一个什么样的标准流程？（   ）

   A. 明确订单任务→工艺设计→组织→实施→检查→交付

   B. 组织→实施→明确任务→交付

   C. 明确订单任务→工作计划→交付→实施

   D. 实施→组织→工艺设计→明确订单任务

3. 当现场发现安全事故时，你第一时间赶到现场，你需要采取哪些救援措施？（   ）

   A. 急救，救援服务，紧急呼救   B. 紧急措施，紧急呼救，急救

   C. 救援服务，呼叫救护车，急救   D. 仅提供紧急呼救

4. （   ）会对环境造成污染的危害。

   A. 水蒸气排向室外   B. 切屑飞向地面

   C. 露天燃烧塑料   D. 液压油滴入集油盆

5. 下面的并联电路总电阻为 12Ω，则电阻 R_3 的电阻值为（   ）。

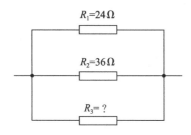

解答过程：

A. $R_3 = 72\ \Omega$ B. $R_3 = 48\ \Omega$ C. $R_3 = 36\ \Omega$ D. $R_3 = 24\ \Omega$

6. 对刚刚组装完成的电气设备进行初次检测时必须要测接地绝缘电阻，在测量时有哪些是需要注意的？（　　）

A. 必须要使用交流电压来测量

B. 仅在相线与零线之间测量

C. 必须在通电的情况下测量

D. 当测量 230V/400V 的负载设备时，绝缘阻值需要达到 $1M\Omega$ 以上

7. 在机械装配中，使用 50N 的扳手去拧紧一个螺钉，已知扳手的力臂为 250mm，则拧紧这个螺钉需要（　　）的扭矩。

解答过程：

A. 12.5 N·m

B. 25 N·m

C. 50 N·m

D. 100 N·m

8. 模拟量测量值转换器在一定的条件下输出一个 8mA 的信号，当测量范围设定在 0~100mbar，标准信号范围在 4~20mA 时，此信号对应的压力为（　　）。

解答过程：

A. 10 mbar B. 12 mbar C. 20 mbar D. 25 mbar

9. 下图为某电子元器件的测试曲线图，通过分析曲线图可知下列描述正确的是（　　）。

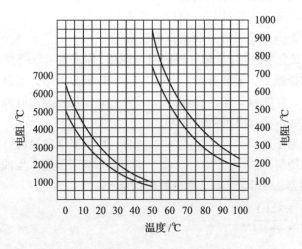

A. 曲线表明了正温度系数热敏电阻的电阻随温度的变化关系

B. 曲线表明了负温度系数热敏电阻的特性

C. 曲线表明了压力传感器的电阻值随温度的变化而变化

D. 曲线表明了双滑轨点位器的特性

10.在调节技术中有"干扰量"这一概念，"干扰量"的定义为（　　　）

　　A.被调节量的设定值

　　B.尽管有外部影响但仍然要保持的量

　　C.影响设定的量

　　D.数值与设定值有一定误差，且是工作中不希望出现的

11.下图为PLC逻辑功能图的一部分，这个图表示的含义为（　　　）。

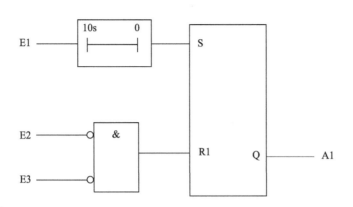

　　A.当输入端E1为1，E2和E3上同时出现0信号时，延时10s后，A1输出信号1

　　B.当输入端E1、E2和E3为1信号时，延时10s后，A1输出信号1

　　C.图中的定时器可以实现延时10s后断开

　　D.当E2和E3上出现1信号时，输出端A1被复位

12.观察下方两个气路图，分析右边的气路图比左边的气路图有什么控制优势？（　　　）

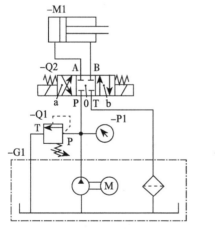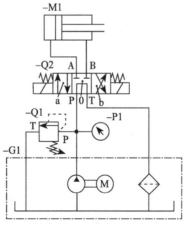

　　A.操作准备更加迅速

　　B.气缸–M1的活塞杆可以停在任意位置

　　C.阀–Q2在零位时功率消耗低

　　D.能改变气缸–M1的活塞速度

卷 B（简答题）

一、液压设备在定期维护处理的时候，一般会更换液压回路的软管。

1. 请写出在更换液压软管前的准备工作事项。（不少于 3 项）

2. 写出在安装敷设液压软管时必须要注意的事项。（不少于 3 项）

3. 一液压气缸活塞的直径为 60mm，该装置的效率为 0.9，当有效活塞力为 $F=62.5$kN 时，计算其过压 P_e。

_____

_____

_____

_____

_____

_____

_____

二、工作中经常接触到电动机，在电动机铭牌上标注着电动机的相关信息。

XX MOTOR		
Type: XXXX-XXXX-XXXX-XX		
3~Mot.	Nr. XXXX	
△ 400V		XX A
3kW	cos f 0.8	
1450r/min	50Hz	
Is. Kl. 20	IP44	38kg
VDE XXXX		

1. 阅读铭牌，说出该电动机的类型。

2. 由于长期没有维护，导致铭牌上的电流标志看不清，电动机的效率为 82.6%，求电动机电流。

3. 电动机起动时，起动电流非常大，请写出三种限制起动电流的方法。

_____

_____

_____

_____

_____

三、在生产线的安装过程中，会接触各种元器件和调试程序，因此阅读技术文档非常重要。

Block diagram/terminal configuration

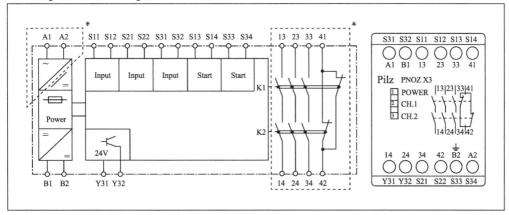

* Insulation between the non-marked area and the relay contacts: Basic insulation（over-voltage category III），
Protective separation（overvoltage category II）

Function Description

The safely relay PNOZ X3 provides a safety-oriented interruption of a safety circuit. When supply voltage is supplied the "POWER" LED is lit. The unit is ready for operation when the start circuit S13–S14 is closed.

▶ Input circuit is closed（e.g. E-STOP pushbutton not operated）:
– Safety contacts 13–14, 23–24 and 33–34 are closed, auxiliary contact 41–42 is open.The unit is active.
– The LEDs "CH.1" and "CH.2" are lit.
– A high signal is present at the semiconductor output switch state Y32.

▶ Input circuit is opened（e.g. E-STOP pushbutton operated）:
– Safety contacts 13–14, 23–24 and 33–34 are opened redundantly, auxiliary contact 41–42 is closed.
– The LEDs "CH.1" and "CH.2" go out.
– A low signal is present at the semiconductor output switch state Y32.

1. 阅读上面的英文说明，解释"POWER"的意思，说出"CH.1""CH.2"的功能。

2. 新增安装一个光电式传感器用于检测物料，需要补充程序，请将下列节选部分的顺序流程图补充完整。

履带电动机：–M10

光电式传感器符号：–B12

有物件指示灯：–P20

控制要求：在光电传感器检测到工件 2s 后，进行下一步动作。在检测到工件的过程中，有物件指示灯长亮。

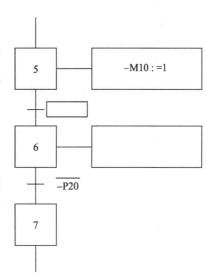

四、在生产加工过程中，安全防护和环境保护意识非常重要。

1. 操作员在处理设备的油液前后应该做什么样的防护？

2. 怎么理解"循环再生"这个概念？

_____

_____

_____

_____

_____

_____

_____

_____

【学习提示】

自动化分拣系统安装与调试工作流程

自动化分拣系统安装与调试工作流程如图 4-5 所示。

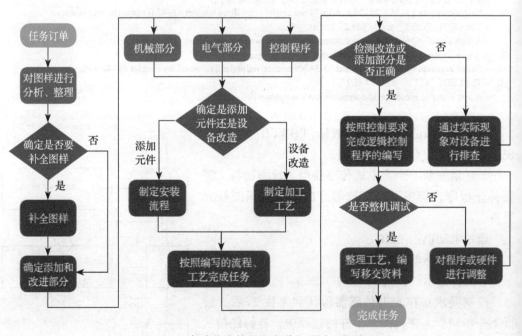

图 4-5　自动化分拣系统安装与调试工作流程

自动化分拣系统安装与调试知识卡

自动化分拣系统安装与调试知识卡如图 4-6 所示。

图 4-6 自动化分拣系统安装与调试知识卡

测量、测试

测量：1. 对改造的零件进行测量；2. 测量的标准：a. 去掉毛刺，b. 零件配合面是否一致，c. 加工尺寸是否符合公差要求

测试：1. 不带电测试：a. 检测电气回路是否出现短路、断路的情况，b. 检测设备的对地绝缘性；c. 检测"气动回路是否泄漏"。2. 带电检测：a. 检测电动机的供电是否正确，b. 检测电动机的程序是否正确，c. 检测维修插座的漏电保护性

设备移交

移交文件的准备：1. 设备图样；2. 安装说明书；3. 设备清单表；4. 安全检测表；5. 移交清单表

设备的使用指导：1. 介绍设备的组成部分；2. 设备的使用方式和注意事项；3. 指导客户进行操作

设备的保养与维护：1. 易损件的更换；2. 设备保养细节和注意；3. 维护所需材料等

科学制图

电符号：1. 电气元器件符号：测漏电流断路器、接触器、断路器和维修插座；2. 传感器符号：光纤传感器、磁性开关、电容传感器、电感传感器、压力开关

气动符号：1. 气动回路原理图补全；2. 气动元件符号补全：电磁阀、单向节流阀、加压阀等

零件图：1. 机械图样的尺寸标注；2. 改造零件的三视图绘制

工艺的编写

设备的安装：1. 确定任务要求；2. 清点所需工具材料；3. 选择合适加工技术、设备和场地；4. 规划好合理的安装工序；5. 检测与移交

零件的改造：1. 计算改造尺寸；2. 制定改造工艺；3. 补全零件图；4. 按照绘制好的图样制作零件工艺加工

零件改造

功能分析：1. 确定配合零件；2. 了解补全部分的存在设备功能中的作用（描述）

程序结构：1. 程序编写采用模块化编程（FC 或 FB）；2. 确定添加好的块；3. 将 I/O 表填写完整；4. 补全程序

程序编调

程序调试：1. 按照程序功能描述进行程序运行；2. 对出现问题的部分进行修改完善；3. 优化程序补全注释并保存备份

学习要点

掌握要点：
- 能够绘制读懂图样，对图样缺少部分进行补充、改造
- 按照图样进行加工、改造
- 能根据功能要求对设备进行安装与调试
- 能对设备进行检测、排故
- 能按照产品出厂要求整理好技术资料，移交产品给客户

操作注意事项

▲ 补充图样的时候要确保图形形状和尺寸的正确性
▲ 按照图样进行施工
▲ 安装调试过程中注意设备是否存在干涉现象
▲ 整理好设备移交所需的材料并详细指导客户进行使用

学习和安装调试过程中出现无法解决的问题时，要向老师加以反馈。

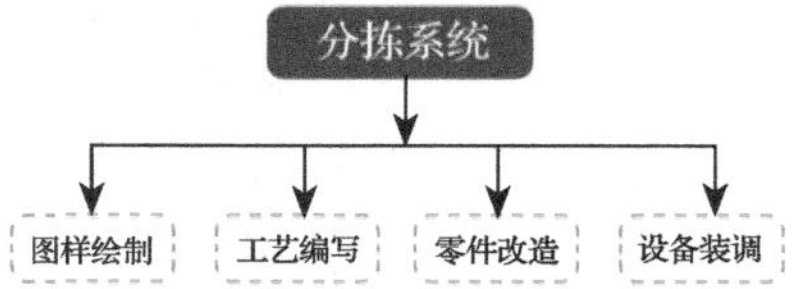

分拣系统：图样绘制 | 工艺编写 | 零件改造 | 设备移交

涉及技术：科学制图 | 工艺编写 | 测量、测试 | 程序编调

知识要点

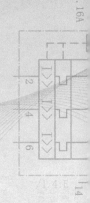

知识拓展五
工业 4.0 时代机电一体化专业与人才发展

一、机电一体化的应用现状

机械元件在电子信号计算的帮助下，焕发了新的生命活力，从生活的细微之处，到制造业的庞大机器，这就是机电一体化的成果。从孩童时的玩具，到日常的电动工具，再到制造业的生产线，都是机电一体化的杰作，也可以说机电一体化在生命中的"存在感"无所不在，无处不在。发展至今，机电一体化已经不再是在机械产品装上电机能跑能转动，而是向更深入的综合技术，更复杂的一体化系统方向发展。如果以前认为机电一体化只是"机械＋电气"，那么现在的发展，真的是机电越来越"一体化"了。

首先，从数量上看，机电一体化的产品越来越多地参与到生产和生活中。大家都知道，我们希望生活变得越来越简单，也越来越智能；希望生产能越来越快捷高效。生活的便利性和产品生产，最终都依靠一些机械来完成，但仅仅凭借机械系统，它不够智能，不够高效，所以加入的电气信号实现信息感知，实现控制算法和适时的信号或能量输出。生活机械因为有了电气系统的帮助才变得聪明和舒适，工业机械中有了电气系统才使得制造业更加快捷高效，生产出的"机电一体化"综合产品也才有更高的附加值。

1. 复杂学科综合性

机电一体化系统越来越复杂，机电一体化产品，越来越多地融入新的学科，如产品设计根据行业的不同，融入越来越多的力学、空气动力学和流体力学等学科；电动机也不再是唯一的机械运动源，电控液压和气动已经融合机电一体化多年。

2. 智能化

智能化是机电一体化近 10 年来的主要变化。工程师将机电一体化产品加装不同的电子芯片，实现不同的智能化或者人工智能。最常见的智能化就是机电系统自检系统和诊断系统。系统开机的时候，通过内部传感系统信号反馈信息，智能地判断自我状态；或者出现故障的时候，通过故障码或者文字消息通知使用者，使得系统的应用性和便捷性极大地提升。近年来，出现了越来越多的智能生活电器，像智能窗帘机、智能安防系统，都是将传统的机电一体化产品融合了智能化芯片的结果。

3. 互联性

互联性是机电一体化的主要发展趋势，在机电系统中加装通信芯片后，机电设备可以随时随地连接到互联网，形成物联网体系。使用者和管理者，可以在远程通过显示终端，甚至平板电脑和手机设备都能随时监测机电设备的生产和状态。在未来的 5G 通信和物联网时代，互联性将成为机电设备的必备属性。

4. 可识别性

可识别性，即智能的机电一体化产品配备传感器技术是有关产品及其环境获取信息的条件。机电一体化中出现了越来越多的内外部传感器系统，这些传感器通过感知内外部环境的信息，如温度、压力、湿度和安全信号等，将信息转换为电信号传递给机电系统，通过不同算法的改变，使机电产品更加适合环境的变化，保护自身的系统或者改变自身的运行状态，从而更好地完成生产。

5. 机器的学习能力

学习能力，即智能产品具备计算能力，可以根据定义的算法自主决策和自我学习过程。以家庭扫地机器人为例，扫地机器人刚刚"到家"的时候，十分生疏，每次遇到桌椅沙发，都会无情地相撞，然后在使用几次以后，我们发现机器人变得聪明了，遇到墙体之前自己提前停止，遇到桌角会自动转弯。这就是通过自我学习的算法，提升运行的效率和效果，也保护了自身的安全。机电系统通过采集外部信息，再通过自学习芯片的计算，会让机器适应环境，变得越来越"聪明"。机器人其实就是一套综合的机电一体化产品，主要是机械、电气、运动控制和 液压（气动）技术的结合。

6. 人工智能的大趋势

曾几何时，我们想象，要是能通过对话甚至眼神交流，就能够完成和机器的信息传递，该有多酷炫。人工智能的发展和植入，为机电一体化注入了新的生命力。语音信号通过人工智能转换成适合的算法，完成对机器的控制，而智能芯片则会收集信息，通过语音芯片的转换，将机器信息告诉我们。机电系统中植入人工智能，使其在不断变得更"聪明"的基础上，越来越像一个人，以后我们就可以和机电一体化机器"交朋友"了。

机电一体化的设备从过去机械与电动机的简单叠加发展到更加复杂化，目前又向智能化机器的方向发展。我国制造业战略中提到的智能制造，尤其是智能装备，说的就是机电一体化发展的未来。

二、工业 4.0 的发展趋势

工业 4.0 是 2015 年以后工业界最有"热度"的关键词之一，大中小企业都在朝着工业 4.0 的方向加速前进。那什么是工业 4.0 呢？首先用最简单的语句，简单回顾一下工业发展的历史。需要注意的是，工业界普遍接受的阶段标志，和以前学习到的工业革命的阶段是不同的概念，工业界划分的阶段更多地以生产技术的变革为标志。

1. 工业 1.0：机器的出现

工业 1.0 以 1784 年出现了第一台机械织布机为标志，从此以后，制造业不仅仅依靠人力和畜力，还可以依靠机器的动力完成更大单位劳动量，当然蒸汽机也可以比人和马更勤快，因为它"休息"的时间更少。

2. 工业 2.0：生产线的出现

工业 2.0 以 1870 年开始在辛辛那提屠宰场使用传送带为标志，今天看来一条不太长的传送带，却改变了生产方式的历史，产生了线性连续生产，即生产线。有了生产线，可以快速地提高劳动效率，生产过程被精确地划分成若干生产子岗位，每个岗位只完成简单的重复劳动，生产线把工业生产率一次又一次地刷新。生产线的方式沿用至今，今天看到的以汽车厂和电子产业工厂为代表的装配行业，生产线仍然是生产的灵魂。为了把工业 2.0 的效率提到极致，日本丰田汽车公司独创了一套提升效率、减少浪费的工作方式，这就是著名的"精益生产"（Lean）。

3. 工业 3.0：自动化成为现实

工业 3.0 以 1969 年美国 Modicon 公司推出 084 PLC 为标志，PLC 意味着自动化生产，从此生产机器可以自己按照预定的逻辑程序完成生产动作。从 20 世纪 50 年代开始，计算机技术日新月异地发展，将计算机的优势在制造业中得以应用，PLC 应运而生。PLC 听起来很神秘，其实 PLC 就是一台能执行特定自动化控制程序的工业计算机，它的基本工作原理和功能器件，和大家日常使用的计算机甚至手机都是一样的。自动化的生产方式，是目前工业的主流方式，其最主要的特点是，机器减少了对人的依赖，可以自动运行，更加提高了生产力和生产效率。

至此，前三次工业变革，目标都和提高生产力、生产出更多的产品，尤其是和提高生产效率有明显的关系。这是因为人类的工业生产是为了制造出更多的实体物品，满足每个消费者（客户）的需要。尤其是过去的 150 年，人类的人口数量和人均寿命极大地提高，只有更多的产品才能满足每个人生活的需要。但是从 2000 年开始，人类的人口发展由增长转为减少，与此同时，在已有的丰富物质条件中，每个消费者更希望获得个性化的需求，有属于自己的产品，而不是大批量高效率生产的标准化产品。消费者的关注重点，逐渐由产品的数量转向产品的质量和个性化。

工业 4.0 正是在这样的条件下应运而生的，它继承了计算机技术尤其是网络技术的发展，同时融合了物联网和云计算技术，满足人们重视产品质量，重视产品个性化的需求。德国在工业 4.0 的白皮书中提到了它的定义："工业 4.0 意味着智能工厂能够自行运转，零件与机器可以进行交流。由于产品和生产设备之间能够通信，因此产品能理解制造的细节以及自己将被如何使用。同时，它们能协助生产过程，回答诸如'我是什么时候被制造的？''哪组参数应该被用来处理我？''我应该被传送到哪？'等问题。"

从这个定义可知，德国定义的工业 4.0 技术指的是机器能够具有自学习能力，能够顺利地完成机器通信的功能和人机对话的功能，以及完成"客户 – 制造 – 客户"的互动销售模型。机器发展得更加智能，对人的依赖进一步减少，同时机器之间能够形成网络，能够满足不同消费者的不同定制化需求。

三、机电一体化融合数字化

工业 4.0 的社会环境下，机电遇到数字化，会有什么样的化学反应呢？

这一定是一个更有趣更有意义的话题。因为机电一体化的设备和产品是现阶段生产和生活的重要基石，而数字化是未来的发展方向。

首先，客户会在这个过程中受益最明显。例如，在定制一套新的机电设备或者产品前，不再仅仅通过设备的蓝图来设想未来购买的产品，而是在计算机仿真系统中，可实实在在地看到产品的样子、外观、运行甚至在极端环境中的问题处理。这就是数字化仿真技术应用的最大价值。美国 NASA 设计制造的火星车，在火星表面首次着陆就大获成功，这其中和使用了复杂的环境和动作仿真的关系密不可分；意大利的玛莎拉蒂汽车公司，使用了数字化仿真软件帮助设计师在汽车的设计和测试阶段进行大量数字化仿真测试，使得产品面世的时间缩短了 33% 以上。

可以想象，如果去汽车 4S 店定制一辆理想中的汽车，当我们通过输入参数或者选择完需求信息后，数字化系统会仿真出定制汽车，我们甚至可以在计算机中 360° 观察，如果愿意，还能打开车门体验这辆汽车的驾驶。哪里不满意，也可以在仿真系统中及时修改，直到满意，然后"数字化虚拟汽车"会在汽车工厂变成现实。

虚拟系统中，还可能有一个虚拟的"工程师"或者"领航员"在仿真系统中始终陪伴着我们，在需要帮助、咨询或者聊天时，他 / 她总能及时地出现。这便是人工智能的应用。

在定制过程中，如果有"选择困难症"，系统也可以随时告知和我们类似的客户是怎么做的选择，或者同龄人的选择，系统总会很"聪明"地引导和帮助我们。这便是大数据技术的应用，它能够分析海量数据，然后通过人工智能的算法分析我们的需求模型，然后给我们合适的推荐或选择。

众所周知，机电系统中最难的部分通常在两个环节：第一个是如何统一制造商和客户的需求标准；第二个是机械系统和电气系统的联合调试。

上面谈到了客户通过数字化虚拟仿真技术完成定制，客户能够在订单前就"看得到，用得上"即将购买的产品，充分地体验，这个过程明确了客户和制造商之间的标准，双方不再因为理解不同产生信息误差。下面再来谈谈机电联合调试。

首先要明确，任何机电一体化设备的成本均由两部分构成，即 CAPEX 和 OPEX。

CAPEX 即资本性支出，也就是首次投入或者建设性投入，如固定资产的折旧，无形资产、递延资产的摊销等，计算公式为：CAPEX= 战略性投资 + 滚动性投资。

OPEX 是企业的管理支出，即运营成本，也就是常说的使用成本，指的是企业的管理支出、办公室支出、员工工资支出和广告支出等日常开支，计算公式为：OPEX= 维护费用 + 营销费用 + 人工成本 + 折旧。

谁能持续地降低 CAPEX 和 OPEX，即有机会让客户提升更大的利润空间，就有可能赢得更多的客户和订单。

CAPEX 通常与机电系统的交付时间紧密相关，即从项目确定到机电产品交付的时间。以前，通常先设计机械系统，再配套电气系统；后来为了提升效率，将机械和电气系统分开来并行设计，然后合二为一。机械和电气两个系统的图样融合，在大型或者复杂机电设备设计中绝非易事。例如，西门子 PLC 生产中，产品中一条线路的修改，可能涉及 2000 多张关联图样的变更，这也是目前机电一体化技术的最大困惑。

而有了数字化技术，或许能完美地解决这个问题。首先，通过统一的底层设计平台（如 Teamcenter）将所有设计部门的数据实时统一，所有的设计变更都能在第一时刻完成联动变更，而不是积累差异。

电气系统可以首先和仿真的机械系统进行联合调试，测试电气系统的逻辑性和程序特性；反之，机械设计者也可以随时和仿真的电气系统联动，检测、验证和修改自己的机械设计。这便是常说的虚拟样机，借助于虚拟样机技术的应用，机电设备生产设计企业可以普遍提升约 40% 的调试时间。

借助于大数据分析技术，在设备即将发生故障或者出现故障趋势的时候，就能够发现，并及时修正或更换，真正实现了预防性维护，压缩了设备的 OPEX。

设备突发性故障是目前机电一体化设备在使用过程中最让技术人员头痛的问题，故障的查找、诊断和排除通常是现场技术人员的首要工作，这个过程中不但需要多次尝试，而且面临非常多的风险。现在借助于数字化技术中的"数字化双胞胎"技术，技术人员可以在和真实设备一样的数字化系统中进行故障查找和诊断，甚至通过在数字化仿真系统中演练，使技术人员能够在现场实际的机电设备中"点到即除，手到擒来"，节省大量的维护和诊断时间，从而大大降低 OPEX。

四、工业 4.0 时代机电一体化人才发展的新需要

支撑任何技术的发展和技术作用的对象，一定是人。在工业 4.0 时代和越来越智能的机电一体化时代，人才就业和岗位需求会发生变化，如图 5-1 和图 5-2 所示。

在工业 3.0 时代，也就是过去和现在工业企业中，职业技术人员通常有四层结构，即管理者、工程师、技术员和操作员。

管理者完成车间级的人员协调、秩序维护、安全管理和工作流程制定，以及相关的监督工作。现代化企业中，一般管理岗位占比为 5%。

工程师主要完成车间级的技术工作，如生产工艺、生产设备和生产流程的规划，以及生产设备的维修调整、升级改造等。现代化企业中，工程师岗位一般占比在 5%~10%。

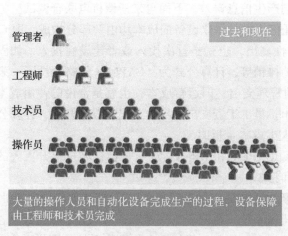

图 5-1　过去和现在，制造业在车间

图 5-2　未来，制造业在智能制造单元

技术员主要完成车间内生产设备的日常保养、维修维护、定期状态检查和定期维护保养等。技术员是企业技术工作岗位的最大群体，在现代化企业中，一般占比在 25% 或者更高。

操作员完成生产设备的直接操作，操作机器或者搬运生产过程的物理过程。在生产线工作中，通常操作人员占车间员工总量的 80% 以上，但是在现代化的企业，目前一般占比在 50% 或者更少。

由于全球劳动人口急剧减少，以及工业 4.0 和智能制造技术的发展，未来制造业企业所雇佣的员工总数会不断减少，人员结构也会发生一些变化。所以，现在的车间也会被未来高度柔性化生产的智能制造单元所取代。

机器人和智能化的机电设备越来越多地应用于生产，替代掉很多操作人员的岗位，但不是所有的。生产中所需要的操作人员大量减少，人的作用是与智能机器和智能机器人完成协作生产。

相比操作人员的大量减少，技术人员的岗位却大量增加。面对高度智能的设备、高度密集的机器人（复杂机电一体化）等制造业核心单元，每个智能制造单元都需要有完善的技术人员队伍来保障这些 "高精尖" 的设备能够持续运行，持续改进优化。

工程师的队伍结构也会发生变化，适当增加。主要需求来自数字化和机器通信时代，社会需要有独立的工程师完成生产领域的信息技术和网络技术，以及信息安全技术。

管理者的队伍基本不会变化。

所以在未来，企业的总雇佣人数虽然减少了，但是和技术相关的岗位却会增加。从社会综合就业角度看，未来的就业岗位在下降，但是就业岗位的质量在提升。新技术人员的培养如图 5-3 所示。

技术和就业发生的新变化，对目前的职业教育和岗位教育提出了新的要求。

1. 更强的动手实践能力

技术的高度发展和集成性，对机电一体化专业学生的动手能力要求进一步提升，甚至要求学生具备必要的维修维护能力和诊断能力。只有将岗位所需要的技术技能前移到教育阶段，才能培养出适合岗位发展需求的职业人。

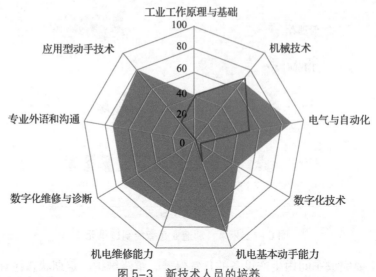

图 5-3　新技术人员的培养

2. 数字化理念和工具

增加数字化技术在机电一体化职业教育中的比重。数字化是未来制造业发展的必然趋势，也会是未来机电一体化不可或缺的组成部分，所以在教育中不仅要增加数字化相关的课程，更要提升数字化方法和数字化理念在教育过程中的重要作用，做到思想的"数字化"变革。

3. 更强的外语能力

全球化协作趋势势不可挡。未来，可能每个复杂的机电一体化产品或者设备中，都是来自若干个国家的技术、产品和劳动的结合。在这个过程中，如何能和世界对话，如何能有效地了解别人（包括客户、供应商），有效地让别人了解我们至关重要。务实的外语沟通能力和专业外语能力的要求会不断提高。

4. 国际化的认证资质

我国未来的新增就业岗位中，较多的优势岗位会来自"一带一路"企业或者国际企业。这些企业不但对外语有一定的要求，更要求技术人员拥有符合国际认证的资质，只有具备了这些资质，新机电一体化技术人员才能够带着自己的技术，服务全世界。

5. 职业工作素质

在 2018 年的职业教育就业调研中，企业对人员素质需求的前三位分别是：有效沟通能力、项目管理（自我管理）能力和办公软件使用能力。从调研结果可见，我们的主流教育中，一直缺失对职业工作素质的教育，造成了很多毕业生"只见树木，不见森林"，缺少职业规划能力；也看到了很多毕业生，只知道干活，不会与人沟通和相处，或者很难把自己的专业能力清晰地表达出来，造成毕业生自己很困惑，企业也颇有微词。教育的本质是育人，育人之上才是具备专业能力。职业工作素质应该是所有专业学生、每一个毕业生的必修课。

一个经典的优秀专业，在今天的数字化时代，必将结合更多的专业特色，融合更多的行业特点，不再仅仅是机械和电气的一体化，它必将超越原来的"一体化"，朝着更智能，更有客户价值的新一体化方向发展前进。

附录

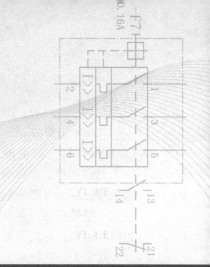

附录 A
低压电气设备安全技术简要规范

介绍

此部分主要讲述低压电气设备的一些安全规范，列举工业电气控制柜基于 IEC 标准、CE 标准和 DIN 标准的对应使用要求。这些要求涵盖一般工业用途的 600V 或更低电压的工业控制柜，该设备安装在普通位置，其中环境温度不超过 40℃（104℉）。工业控制柜可应用于可燃燃料类设备、电梯控制、起重机或提升机的安全监视控制，服务设备使用、船舶使用、空调和制冷设备以及用于控制工业机械，包括金属加工机床、电动压力机控制和注射成型机械。

通常工业控制柜由两个或多个电源电路组件（如电动机控制器、过载继电器、带熔断器的隔离开关、断路器）或控制电路组件（如按钮、指示灯、选择开关、计时器和控制继电器）组成，或者是电源和控制电路组件的组合，以及相关的布线和端子。这些组件安装在机箱上或包含在机箱内，或安装在控制柜面板上。

如今，各类制造生产型企业开始走自动化生产的道路，自动化设备广泛应用于企业生产中，如汽车电子产品的自动化生产线，电子元器件的自动化生产装配线，饮料灌装自动化生产线，食品、药品、化工原料的自动化包装机械，家电自动化装配线等，都涉及低压电气控制柜。接下来的内容主要讲述低压电气设备在设计和使用中的安全规范。

1　低压控制系统的构成

低压控制系统一般由单个或者多个低压控制开关控制关联的测量仪表、信号单元、保护元件、调节元件、内部其他电气和机械件构成。从电路图结构来看可分为：主电路、控制电路、母线铜排、电源分配、功能单元、短路保护元件、进线电路和出线电路。

控制电路和电源电路的说明如图 A-1 所示。

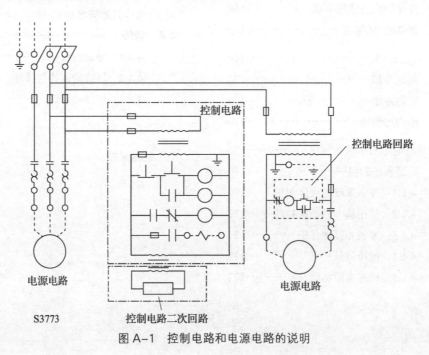

图 A-1　控制电路和电源电路的说明

2 柜体的介绍

2.1 壳体的机械注意事项

控制柜的材质通常包含碳钢、不锈钢、铝材和工程塑料等。

柜体的强度应该能够保证外部机械冲击，达到保护整个控制柜的良好效果，需要参考防止机械冲击标准定义并符合 IEC 62262 要求。

2.2 壳体的 IP 等级

为防止固体异物进入和水接触带电部件，任何组件均应符合 IEC 60529 的防护等级 IP 代号。

"IPXX"表示防护等级的代号，由字母"IP"和附加在后的两位数字组成，第一位和第二位的含义如下。

第一位表征数字：

0：无防护。

1：能防止大于 50mm 的固体异物进入壳体内。

2：能防止大于 12mm 的固体异物进入壳体内。

3：能防止直径大于 2.5mm 的固体异物进入壳体内。

4：能防止直径大于 1mm 的固体异物进入壳体内。

5：不能完全防止尘埃进入壳内，但进尘量不足以影响电器的正常运行。

6：无尘埃进入。

第二位表征数字：

0：无防护。

1：垂直滴水应无有害影响。

2：当电器从正常位置的任何方向倾斜至 15° 以内任一角度时，垂直滴水应无有害影响。

3：与垂直线成 60° 角范围以内的淋水应无有害影响。

4：承受任何方向的喷水应无有害影响。

5：承受任何方向的溅水应无有害影响。

6：承受猛烈的海浪冲击或强烈喷水时，电器的进水量应不致达到有害的影响。

7：当电器浸入规定压力的水中规定时间后，电器的进水量应不致达到有害的影响。

8：电器在规定的压力长时间潜水时，水应不进入壳内。

通常户外的控制柜需要选用防护等级高的柜体来达到良好的防水防尘的目的，如 IP68。

3 柜内的温升保护

为保证柜内所有元器件正常运行在温度高的外部环境或者柜内有发热元件情况下，需要考虑增加冷却单元，可以配备自然冷却单元或主动冷却单元（例如强制冷却，内部空调，热交换器等）。如果需要采取特殊预防措施，为了确保正确地冷却安装。组件制造商应提供必要的信息（例如指示零件间距的必要性，容易阻碍散热或自行产生热量的物质）。

3.1 风扇冷却

通过安装直流或者交流风扇的方式来达到降低柜内温度的目的。风扇可以安装在柜体侧面顶部等开孔位置，同时相应安装滤网以保证柜内热空气排出柜外。图 A-2 所示为德国威图公司生产的风扇。

3.2 空调冷却

通常散热要求比较高或者发热量比较大的柜体需要采用空调冷却，空调可安装在柜体顶部或者正面的合适位置。空调需要配装冷凝水挥发器。图 A-3 所示为德国威图公司生产的空调。

图 A-2 德国威图公司生产的风扇

a）柜门安装式　　　　　　　　b）顶部安装式

图 A-3 德国威图公司生产的空调

3.3 柜内加热器

在外部环境温度极低的场合，为保证柜内元器件正常运行，需要安装柜内加热器。图 A-4 所示为德国威图公司生产的带风扇加热器，可以让加热的气流在柜内循环。

4 控制系统电路的防触电保护

一般组件中的设备和电路的布置应便于操作和维护，同时确保必要的安全度。

4.1 电路系统的保护

4.1.1 控制系统的壳体保护

当设备准备就绪并已连接到电源时，应将所有带电部件、裸露的导电部件和属于保护装置的部件围起来，不能触碰它们。外壳应至少提供防护等级 IP 2XC（请参阅 IEC 60529）。如果是保护性导体，它延伸到与负载连接的电气设备组件的一面要通过其裸

图 A-4 德国威图公司生产的
带风扇加热器

露的导电部件绝缘，用于连接外部保护装置的必要端子应提供导体并通过适当的标记进行标识。在外壳内部，保护导体及其端子应与外壳绝缘。带电部件和裸露的导电部件与带电部件是相同绝缘的。

4.1.2　使用基本的绝缘材料

电路系统中所有的元件金属导电裸露部分需要由绝缘材料保护，所有裸露金属的线缆也需要加上热缩套管进行绝缘。

4.1.3　零线和接地保护

任何主回路上的零线需要通过标志和颜色区分开来，按照 IEC 60445 标准要求，零线定义为蓝色，接地线用黄绿相间色表示。

设备上所有裸露的导电部件（门板、金属盖、安装板和带接地的仪表等）都需要用接地线连接到汇流端子和接地铜排，如图 A-5 所示，并在门板、安装板、设备支架接地处贴上接地标志。

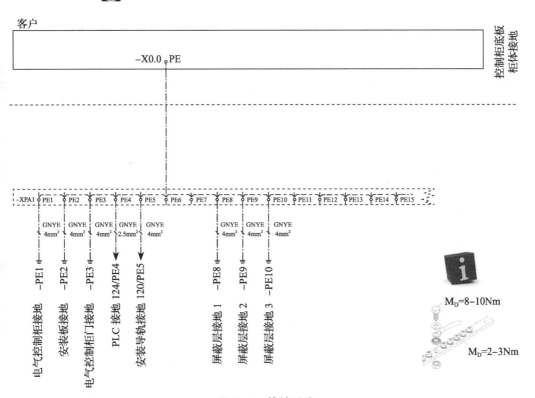

图 A-5　接地系统

在实际电路接地系统中，通常分两种接地：功能性接地和保护接地。

铜 PE 导线最小线径需要参考 EN60204-1：电源相线截面积 S 低于 $16mm^2$ 时，PE 导线截面积为相应的 S；电源相线截面积 $16mm^2 < S < 35mm^2$ 时，PE 导线截面积为 $16mm^2$；电源相线截面积 $S > 16mm^2$ 时，PE 导线截面积为 $S/2$。

（1）功能接地　用于保证设备（系统）的正常运行，或使设备（系统）可靠而正确地实现其功能，如：

1）工作（系统）接地：根据系统运行需要进行的接地，如电力系统的中性点接地、电话系统的直流电源正极接地等。

2）信号电路接地：设置一个等电位点作为电子设备基准电位，简称信号地。

（2）保护性接地　以人身和设备安全为目的的接地，如：

1）保护接地：电气装置的外露导电部分、配电装置的构架和线路杆塔等，由于绝缘损坏有可能带电，为防止其危及人身和设备的安全而设的接地。

2）雷电防护接地：为雷电防护装置（避雷针、避雷线和避雷器等）向大地泄放雷电流而设的接地，用以消除或减轻雷电危及人身和损坏设备。

3）防静电接地：将静电导入大地防止其危害的接地，如易燃易爆管道、储罐以及电子元器件、设备为防止静电危害而设的接地。

4）阴极保护接地：使被保护金属表面成为电化学原电池的阴极，以防止该表面腐蚀的接地。

4.1.4　耐压测试

在耐压测试中，除了电气柜内其他规定需要低电压测试的元件，都需要按照标准参数进行绝缘耐压测试，同时需要断开一些产生电流的元器件。有关测试电压容差和测试设备的选择，请参见 IEC 61180。

测试条件：交流电压 1500V，频率为 45~60Hz，测试时间为 5s。主电路参考图 A-6，辅助电路参考图 A-7。

测试点：主电路；辅助电路；其他导电部分。

测试结果要求：无任何线路破坏。

额定绝缘电压 U_1（线电压交流或直流）/V	绝缘测试电压（交流）/V	绝缘测试电压[2]（直流）/V
$U_1 \leqslant 60$	1 000	1 415
$60 < U_1 \leqslant 300$	1 500	2 120
$300 < U_1 \leqslant 690$	1 890	2 670
$690 < U_1 \leqslant 800$	2 000	2 830
$800 < U_1 \leqslant 1000$	2 200	3 110
$1000 < U_1 \leqslant 1500$[1]	—	3 820

①仅针对直流；
②测试电压基于 IEC 60664-1 第 5 页要求。

图 A-6　主电路参考图

额定绝缘电压 U_1（线电压）/V	绝缘测试电压（交流）/V
$U_1 \leqslant 12$	250
$12 < U_1 \leqslant 60$	500
$60 < U_1$	—

图 A-7　辅助电路参考图

4.1.5　绝缘电阻测试

测试条件：AC 500V。

测试点：电力电路。

测试要求：大于 $1M\Omega$。

参考标准：EN 60204-1。

4.2 电路的保护

4.2.1 漏电保护装置（剩余电流断路器）

为保证人员操作设备时的安全，所有电气主电路需要安装漏电检测装置。剩余电流断路器是检测剩余电流，将剩余电流值与基准值相比较，当剩余电流值超过基准值时，使主电路触头断开的机械开关电器。剩余电流断路器具有过载和短路保护功能，有的剩余电流断路器还具有过电压保护功能。当保护

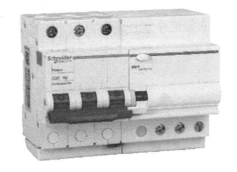

图 A-8　施耐德公司生产的剩余电流断路器

装置检测到 30mA 以上漏电电流时，断路器迅速断开主电路，起到保护整个电路安全的作用。图 A-8 所示为施耐德公司生产的剩余电流断路器。

4.2.2 过电流保护装置

过电流保护装置可以避免因过大电流产生的过载，损坏电气设备以及生产能力。熔断器是其中的一种，可以在电流超过最大允许值时切断电路。熔断器可以避免导线和电气设备因过载和短路引起的损坏。

1）熔断器。熔断器内部有一根金属熔丝，按照额定工作电流大小选择不同直径的金属熔丝。它在电流过大时熔断，从而切断设备用电，避免导线或者设备失火以及损坏。根据熔断特性，熔丝分为超快速熔断熔丝（FF）、快速熔断熔丝（F）、中速熔断熔丝（M）、慢速熔断熔丝（T）和超慢速熔断熔丝（TT）。图 A-9 所示为熔丝实物。

2）断路器。断路器通常带有一个过载延时功能的双金属开关和一个短路时立即切断电路的电磁开关。图 A-10 所示为西门子公司生产的微型断路器。

3）电动机保护开关。电动机保护开关控制电动机的接通和断开。它还可以在负载过大时热敏触发，保护电动机的绕组，以及在瞬间大电流（过载）时保护电动机。图 A-11 所示为西门子公司生产的电动机保护开关。

图 A-9　熔丝实物

图 A-10　西门子公司生产的微型断路器

图 A-11　西门子公司生产的电动机保护开关

4.3 带电注意安全标志

所有带电的设备或者控制柜，在主开关或者门板上都需要标识清楚"注意-高压电-（）V"，并贴有危险电压标志（黄底黑字），如图 A-12（IEC 60417-5036 符号）所示。

电气设备、接插式连接和导线都需要符合 VDE（德意志联邦共和国电工学会的德语缩写）规范并贴上带有 VDE 的检验符号和安全符号，如图 A-13 所示。

图 A-12　危险电压标志

图 A-13　VDE 检验符号和安全符号

4.4　导线

4.4.1　导线的线径

为确保导线具有合适的机械强度，其最小线径不小于表 A-1 要求（参考 EN60204-1）。

表 A-1　导线的线径要求　　　　（单位：mm）

位置	应用	单芯绞线	单芯硬线	双芯保护线	双芯非保护线	三芯或多芯保护/非保护线
控制柜外	非柔性动力线	1	1.5	0.75	0.75	0.75
	连接经常移动的组件	1	—	1	1	1
	控制电路线	1	1.5	0.3	0.5	0.3
	数据传输线	—	—	—	—	0.08
控制柜内	非柔性动力线	0.75	0.75	0.75	0.75	0.75
	连接经常移动的组件	0.2	0.2	0.2	0.2	0.2
	数据传输线	—	—	—	—	0.08

4.4.2　导线的连接与线路

1）所有导线的连接需要紧固，应注意防止意外松脱。

2）接地线应该严格按照一个端子只配一根导线的要求设置。

3）专门焊接用的端子才可以焊接处理。

4）柔性导线的安装应可以防止液体的浸入。

5）导线上需要带有清楚且永久性的标志。

6）不同电压的电路导线应尽可能加以隔离。

4.4.3　导线的辨识

1）导线建议使用颜色分为黑色、棕色、红色、橙色、蓝色、蓝紫色、灰色、白色、粉红色和蓝绿色，参考 EN60204-1。

2）为避免与接地线混淆，配线时不使用绿色或者黄绿色。

3）接地线严格按照规定使用黄色＋绿色的线（单一颜色必须占 30% 但不超过 70%，另一种颜色占其他部分的比例），且需要遍及整条导线。

4）电路导线颜色的建议：

①黑色——交流以及直流的动力电路。

②红色——交流控制电路。

③蓝色——直流控制电路。

5）多芯电缆颜色应用可以不受以上限制（黄色＋绿色线除外）。

图 A-14 所示为图样上导线颜色的定义：BK（黑色）为交流动力线、BU（蓝色）为中线、RD（红色）为控制电压线、RD/WH（红白色）为控制电压中线、BU（蓝色）为 24V 直流、BU/WH（蓝白）为 0V 直流、BN（棕色）为模拟量信号正、WH（白色）为模拟量信号负极、OG（橙色）为外部电压。

BK	AC 380~480V
BK	AC 115~230V
（L）BU	N
RD	120~230V 控制电压线
RD/WH	控制电压中线
（D）BU	DC 24V
（D）BU/WH	DC 0V GND
BN	模拟量信号＋
WH	模拟量信号－
OG	外部电压

图 A-14　图样上导线颜色的定义

5　设备操作安全门的保护

每年都有无数个机械设备伤害操作员人身安全的案例，甚至危及生命安全。这些危险设备涉及的种类很多，比如冲压机床、自动化焊接线、机械传送搬运设备和油压机等设备。这些设备虽然也有一些安全防护设置，但仍然远远无法满足生产安全的要求。所以现代设备都配置有安全门、安全继电器。

安全门通常安装带磁性的开关、插销式传感器或者安全光栅。

安全继电器有单通道或者多通道配置，其工作原理为设备只要有一个急停按钮按下或者设备的门打开，整个机器的主回路接触器以及控制电压就会断开，达到切断输出的目的，保证设备和人员安全。图 A-15 所示为德国 Pilz 公司生产的安全继电器。

图 A-15　德国 Pilz 公司生产的安全继电器

所有的门开关需要串联在回路中接到安全继电器，所有的急停按钮也需要串联在回路中接到安全继电器。图 A-16 所示电气原理图为安全门的应用。电气原理图中，门开关 -S2A、-S2B、-S2C、-S2D 和 -S2E 只要有一个打开，主接触器 KU1 和主气阀 -EV0 就会立刻断电，达到保护设备安全的目的。

6　电气柜的保养

为了延长控制柜的使用寿命以及确保设备稳定运行，控制柜需要定期进行检查和保养。任何故障的产生都可能导致损失，所以保养可以让损失尽量地减少到最低。长期不

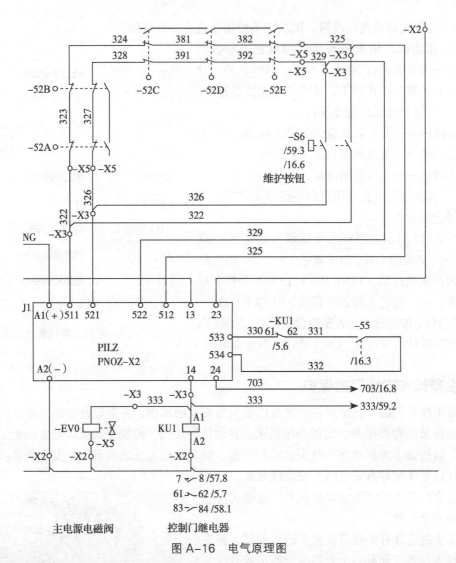

图 A-16 电气原理图

进行保养维护的设备可能出现设备短路、打弧烧坏设备；湿度过大也会引起短路；风扇等散热元件运行不正常会烧毁主要元器件；线头松动会引发信号不正常等问题。

保养步骤：

1）准备好工具，如万用表、螺钉旋具、扳手、剥线钳、压线钳、线鼻子、热风枪和记号笔等；准备好常用替换的元器件，如继电器、端子、线材、标签标志和套管等易损件。

2）检查柜内外环境是否正常。柜外包括环境温度、湿度，现场是否有大量粉尘进入，输入主电路电压是否正常（用万用表进行测量）。柜内 DC 24V 控制电压是否工作正常，柜内接地系统是否完全接上以及绝缘情况是否良好。

3）熟悉电气原理图和控制柜布局图并做好保养规划。熟悉主回路和控制回路的分布，防止人员触电。根据原理图测试元器件工作是否正常，对有问题的元器件进行更换。检查 PLC 模块是否正常工作。替换完元器件后，需要重新做标志。

4）柜内清扫工作。将主电源断电后，方可进行清扫工作，可以用吸尘器对柜内灰尘进行清洁，清洁过程中应防止有散乱的线材掉进其他元器件引起短路。

5）对 PLC 程序和 HMI（触摸屏）程序进行定期备份，选择正确的通信方式（Profinet、Profibus DP 和 Ethernet 等）和 PLC、HMI 连接通信，将备份的程序数据按照日期或者编码方式分类，便于数据管理。

6）开启控制柜，再次检查保养后有无异常情况。

图 A-17 所示为宝得流体公司生产的流体设备控制柜。定期保养流程均需要按以上步骤操作。

图 A-17　宝得流体公司生产的流体设备控制柜

附录 B

自动化滑仓系统图样

扫描下方二维码可观看自动化滑仓系统相关图样。

图样观看方式

微信扫描上方二维码
即可观看自动化滑仓系统相关图样

附录 C

自动化分拣系统图样

扫描下方二维码可观看自动化分拣系统相关图样。

图样观看方式

微信扫描上方二维码
即可观看自动化分拣系统相关图样

参 考 文 献

[1] 申文缙. 德国"学习领域"教学大纲设计思想及其对我国职业教育的启示 [J]. 出国与就业（就业版），2011（2）:105–108.

[2] 董显辉. 德国双元制职业教育企业培训内容与学校教学内容的协调机制 [J]. 职教论坛，2017（18）:91–96.

[3] 赵志群. 职业教育工学结合一体化课程开发指南 [M]. 北京：清华大学出版社，2009.

[4] EUROPA–LEHRMITTEL 出版社. 电气工程学：第 24 版 [M]. 刘希恭，等译. 北京：机械工业出版社，2013.